Lukas Voch

Lexikon über die Hydraulik und Hydrotechnik

Lukas Voch

Lexikon über die Hydraulik und Hydrotechnik

ISBN/EAN: 9783337226596

Printed in Europe, USA, Canada, Australia, Japan

Cover: Foto ©berggeist007 / pixelio.de

More available books at **www.hansebooks.com**

Lexicon
über die
Hydraulik und Hydrotechnik,

Oder:

Handbuch
der
Kunstwörter
bey dem
Brunnen und Wasserbaue.

Von
Lucas Voch,
Ingenieur und Architect, auch der kaiserlichen Akademie der freyen Künsten, Ehren-Mitglied.

Augsburg,
bey Elias Tobias Lotter. 1774.

An die Leser.

Die Erfahrung hat mich gelehrt, daß viele der besten Werke von der Hydraulik und Hydrotechnik nur darum weniger gelesen und gehörig ausgenützet werden, weil die welche sich mit der Ausübung der in denselben vorgeschlagenen Anweisungen beschäftigen, selten ihren Sinn recht fassen.

Es fehlt den Aufsehern sowohl als ihren untergebnen Arbeitern, meistentheils an dem richtigen Verstande der Kunstwörter, welche die Verfasser brauchen, weil diese alles oder doch das meiste, mit dem in ihrer Gegend einmal üblichen Worte benennen, und jene nicht immer so gereißet sind, daß sie mehr als nur den Dialect der Gegend verstünden in welcher sie gebohren und erzogen sind. Der Sachse, der Frank, der Bayer, der Schwabe u. s. w. benennen einerley Gegenstand gar sehr verschieden, und wer nun unter ihnen nicht über die Gränzen seiner Provinz hinausausgekommen ist, oder sich lange genug in dem Lande des andern aufgehalten hat, versteht Niemand als seinen Landsmann. Ich habe daher oft bemerkt, daß diese Leute, Schriften aus andern Gegenden als der, in welcher sie gebohren sind, alle Brauchbarkeit abgesprochen haben, aus denen sie ungemein viel hätten mit dem besten Erfolg anwenden können.

Diesem Mangel abzuhelfen, entschloß ich mich einen Versuch eines Wörter-Buches zu machen, in welchem jeder den Ausdruck des Ausländers mit einem Worte von seinem Dialect verwechselt lesen und also jenen verstehen könnte. Aus diesem entstund das Buch, was ich hiemit allen, welche mit dem auf dem Titul benannten Kenntnissen und deren Anwendung zu thun haben, zum guten Gebrauche empfehle. Uebrigens wünscht allen jungen Ingenieurs, Wasserbaumeistern, Lech und Wuhr-Meistern, Ballieren und deren Untergebenen nützlich gedienet zu haben, und empfiehlet sich dem geneigten Urtheile des Publicums.

Der Verfasser.

A.

Abbruch, wird genennt, wenn ein Ufer von oben herunterstürzet, so gemeiniglich von einem Grundbruch herrühret.

Abfall siehe Fall.

Abfall-Röhre, wird bey Brunnen-Künsten diejenige Röhre genennet, durch welche das Wasser, aus dem Sammlungs-Behälter herabfällt, und alsdann in denen Leitungs-Röhren weiters fortgeleitet wird.

Abflächung, siehe Böschung.

Abhang, siehe Fall.

Ablaß, heißt man theils Orten, eine mit Schutz-Brettern versehene Schleuße, wodurch das Wasser, eines Flußes oder Stromes, nachdeme dasselbe mittelst eines Wehres aufgestauet worden, in einem Kanal nach einer nahe gelegenen Stadt, zur Floß oder Schiffarth, oder sonsten allerley Maschinen in Bewegung zu bringen, geleitet wird. Es werden aber auch die kleine Wasserleitungen, so in dem innersten der Schleußen-Mauren angebracht werden, Abläße genennet.

Ablauf-Röhre, wird diejenige genennet, durch welche sich das überflüßige Gewäßer in dem Sammel-Behälter, wiederum in den Fluß oder in den Waſſer-Kaſten ergießet. Man muß dieſelbe ſo zu richten, daß der Theil ſo in dem Sammlungs-Behälter ſtehet, vermög eines Einſchliefs in den andern Theil der Röhre geſtecket werden kann, damit man bey gänzlicher Ablaſſung des Gewäſſers, denſelben heraus ziehen könne.

Ableitungs-Graben ſiehe Abzugs-Graben.

Abſatz ſiehe Berme.

Abſchablung, wird das Abſpühlen und nachſtürzen des Ufers genennet; ſo durch das nachſtürzen der Wellen verurſachet wird.

Abſchüßigkeit, ſiehe Fall.

Abſchützen, heißt den ordentlichen Lauf eines Waſſers hemmen, und anders wohin leiten.

Abſtürzung, ſiehe Kappſtürzung.

Abwerk, wird bey Mühlen, daß aus Balkenwerk und Brettern, vor denen Rädern ſich befindende Gerüſt geheißen, auf welchem man zu denen Schutz-Brettern kommen, und dieſelbe auf und nieder laſſen kann. Es wird auch ein eiſerner Rechen, davor gemacht, um den Unrath von dem Räderwerk abzuhalten.

Abzugs-Graben, Ableitungs-Graben, Wolfs-Bach. Iſt ein Graben oder Kanal in welchem das überflüßige Waſſer des Haupt-Kanals über eine Streichwehr oder durch Schuzbretter

bretter abläuft. Diese Streichwehr oder die Schleuße von Schuz-Brettern, stehet an der Seite des Haupt-Kanals.

Aerometrie, ist eine Wissenschaft, so die Luft zu messen lehret.

Afterramme, diese dienet wann Grundpfähle sehr tief eingeschlagen werden müßen, zum Aufsetzen, auf die Pfähle, und ist nichts anders als ein eichener Kloß, so unten und oben mit Eisen beschlagen, hinten aber eine Strebe hat, so in die Lauflatten der Ramm-Maschine (Schlagwerk) paßet, und durch einen Quernagel feste gehalten wird, damit die Afterramme in gerader Richtung bleibe. Unten hat sie einen eisernen Nagel, welcher in den Pfahl, so vorhero angebohret, eingreift.

Anker, Schlauder, ist ein Stück geschmiedetes Eisen, bald rund bald platt, und auf verschiedene Art gekröpfet, um Balken, Riemen, Pfähle, u. d. g. zurückzuhalten. Dahero giebt es Stich-Gabel-Trag und Ziehe-Anker. Auch belegt man mit diesem Namen, gewisse Hölzer, so mit Einschnitten versehen und über eine Wasser-Leiste oder Riemen greifen.

Angewäge, siehe Anwellblock.

Angeweyhe, siehe Anwellblock.

Anhägerung, Anwachs, Anwurf. Ist eine Eroberung außer der Strombahn von Sand, Grieß oder Schlamm (Schlick) so durch beliebige Mittel, als ein festes Land an dem Ufer angeschlossen wird.

Anländen, siehe **Rain.**

Anlaſſen, heißt, wann eine Mühle eine Welle ſtille geſtanden, dieſelbe wieder in Gang kommen laſſen.

Anſteck-Kiehl, ſiehe **Saug-Rohr.**

Anſtichrohr, heißt man die Röhre, welche in eine Haupt-Leitungsröhre oder Deichel an erſtere angelöhtet, in die andere aber eingeſtochen wird, um entweder in ein Hauß, oder in einen Garten, Waſſer in Röhr-Käſten und Springbrunnen zu leiten.

Anwachs ſiehe **Anhägerung.**

Anwellblock, Angewäge, Angeweche. Sattelriegel. Iſt ein Stück Holz worein die Anwelle befeſtiget, und der Zapfen einer Welle oder Grindels lauffet.

Anwelle, Unterlager, Zapfenlager.

Abwelle, beſtehet aus einem nach dem halben Circul gearbeitete meßingene Platte, ſo in den Anwellblock eingelaſſen wird, und darinnen der Lager-Zapfen einer Welle ſich herum drehet.

Anwurff ſiehe **Anhägerung.**

Arithmetic ſiehe **Rechenkunſt.**

Arche, iſt eine nach der Zimmerkunſt verfertigte Verbindung, aus vierkantig gehauenen Grund-Lager-Hölzer, und Riegelen von unbeſchlagenen Holze, woraus ein Roſt gemacht, welcher mit Bohlen (Läden) überleget und feſte genagelt wird. Auf die vordern und hintern Grund-Lagerhölzer ſetzt man alsdann die Wandholz auf und verbindet ſelbige mit wechſelſeitig geſetzten

Rie-

Riegeln durch die in denen Wandhölzern angebrachte Löcher, werden alsdann Schwingen geschlagen und mit hölzernen Nägelen an die Wandhölzer befestiget. Diese Arche wird mit Kieß, Bauschutt oder anderm Steinwerk ausgefüllet, und zu Wiederlagen bey hölzernen Brücken gebrauchet, oder es werden auch die Ufer an starken und reißenden Strömen damit verwahret.

Armstange, ist eine eiserne Stange so in einer Bewegungswelle befestiget ist, und an welcher die Druck- oder Kolbenstange hänget, wie solches an der Maschine zu Nymphenburg zu sehen.

Astrak, heißt man in der Teicher-Sprache, einen großen platten 6. Zoll dicken Stein von verschiedener Größe, dessen Fugen gut gearbeitet und genau paßen müßen, werden auch über dieses mit in Bley gegossenen Steinklammern verwahret. Mit diesen Steinen beleget man die Schleußen oder Sylboden. Sie werden in unserer Sprache Basinsteine oder schlechtweg Platten genennet.

Auffarth, bey denen Teichern Triften sind schiefliegende Flächen, welche man bey Grabung eines Kanals aus der natürlichen Erde herausarbeitet, oder bey Teichen erst anleget, um die Erde aus- auf und abfahren zu können.

Aufpropfung, Aufeinanderfügung, heißt man eine Zimmermanns Arbeit, wann sie zwey Pfähle durch Zapfen und Einschnitt auf einander fügen.

Aufhelfeisen, siehe **Hebschine.**

Aufsatz, wird bey denen Springbrunnen derjenige Theil genannt, aus welchem das Wasser hervorspringet, auch wohl allerley Bilder und Figuren vorstellet, und so eingerichtet ist, daß man denselben ab, und an dessen Stelle einen andern aufschrauben kann.

Aufsatzrohr, Steigrohr, ist dasjenige Rohr von Bley, Kupfer oder Metall, in welchem das Gewässer bis in den Sammel-Kasten oder Wasser-Behälter steiget oder in die Höhe getrieben wird, und durch eine krumme Röhre in Gestalt eines Schwanenhals, sich in den Sammelkasten ergießet.

Ausschauflen, nennen die Müller wann anstatt der schadhaften Schauflen neue eingesetzet werden.

Auslage siehe **Einlage.**

Auslauf-Hahnen, ist ein Hahnen welcher an dem Aufsteig-Rohr, unten wo solches aufgestellet wird, an dasselbe feste gemachet ist. Der Nutzen den dieser Hahnen verschaffet ist, daß man das Gewässer zu Winterzeit wann die Kälte zu stark, und zu wenig Wasser vorhanden, dasselbe aus der Aufsteig-Röhre auslauffen lassen kann, damit es in solcher nicht einfriere, wovon die Röhren zerspringen würden. Es dienet aber auch dieser Hahne wann ein Kolben geledert wird, zu sehen, ob derselbe sein gehöriges Wasser giebt oder nicht, und ob er zu leicht oder zu hart in den Stiefel eingepresset worden.

Auslöß-Hacken, siehe **Klinkhacken.**

Aussen-Deich, Buthenland, Vorland, wird in denen Marschländern der neue Anwachs außerhalb des alten Deiches, vor dem alten Land genannt.

Auswurf-Hacke, siehe **Klink-Hacke.**

Ausziehen, dieses Wort wird gebraucht wann bey Panster-Mühlen, die Räder aus dem Wasser gewunden werden, daß sie stille stehen.

B.

Baacken, sind hohe Feuerzeichen, Wacht- oder Leicht-Thürme, welche man an denen See-stranden erbauet, und auf welchen man des Nachts Feuer hält, damit die in der See herum schwebende Fahrzeuge ihren Lauf darnach richten können.

Baer, siehe **Wasserwehr.**

Baer, siehe **Schlägel.**

Balgen, Balien, sind große und kleine Kanäle so vom Wasser selbsten gemacht werden.

Balien, siehe **Balgen.**

Band, ist eine schreg gestellte Strebe oder Stütze, so mit Schwalben-Schwänzen in andere Hölzer eingelassen, mit Nägelen befestiget, auch wohl gar eingezapfet ist.

Bandnagel, ist ein hölzerner Nagel, welcher in die gebohrte Löcher bey Zapfen u. d. g. geschlagen und feste eingetrieben wird.

Baßin, wird der vertiefte Ort in einem Garten genannt, welcher mit einer zierlichen Einfassung umgeben, und das Wasser eines Springbrunnens auffanget. Man macht sie bisweilen nur von Erde, besser aber ist es, wann man sie von Quadersteinen verfertiget, wann dieselben die Gestalt eines Beckens von Stein oder Metall haben, werden sie mit dem Namen **Wasserbecken** beleget.

Baßin-Steine, siehe **Astrak.**

Bastseile, werden aus der Rinde von jungen Linden-Bäumen gemachet, und bey dem Wasserbau, wann Bäume eingehänget, oder Kießtruhen mit Rauholz umwunden werden, zum Binden gebraucht. Es giebt starke und schwache.

Bauen, ein Zimmermanns Wort, z. E. ein Stück Holz von 50. Fuß, so vierkantig behauen, hat am dicken Ort 10. Zoll, bey dem 44. Fuß aber 7. Zoll, von da aber spitz zu laufet, die 7. Zoll aber noch zu einem Zimmerstuck die rechte Stärke hat, sagt man das Holz bauet 44. Fuß und läßt eine Spitze von 6. Fuß übrig.

Baumwagen, ist eine Art Wagen, so drey Räder hat, zwey hinten und ein kleineres vorne, worauf bey Arbeitsplätzen die Bäume und beschlagene Hölzer geführet werden.

Bekannten, heißt wann man an der Krone oder Kopf eines Pfahles die obern vier Kanten schräg behauet.

Berme

Berme, **Absatz,** dienet zur Befestigung eines Deichfusses, und ist bey Haupt-Deichen 3. bis 4. Ruthen à 20. Fuß, breit.

Beschlagen, heißt einen Baum mit der Zimmer-Axt vier oder mehr kantig machen.

Beschuhen, geschiehet wann in der Erde wo Pfähle eingeschlagen werden, Steine oder sonstiger harter Boden vorhanden, so muß man den Pfahl beschuhen, das ist, man beschlägt die Spitze des Pfahles mit starken eisernen hohen Spitzen, so mit und ohne Flügel seyn können, welche Spitze man einen Schuh nennet.

Bestick, heißen die Deicher, diejenige Ordnung und Maaße, nach welcher man bey Erbauung eines Deiches, in Ansehung der Dicke, Höhe u. d. g. sich halten solle. Man gebraucht auch dieses Wort, von der Länge und Stärke eines Pfahles, Faschinen und andern Materialien wann davon in einem Bau-Anschlag die Rede ist.

Bette, wird das Kanal genennet, in welchen das Wasser auf die oberschlächtige Räder laufet.

Beutel-Kasten, ist dasjenige Behältniß von zusammen gespundeten Brettern in Mahl-Mühlen, darinnen der Mehl-Beutel sammt dem Beutel-Stecken sich befindet, und in welchen das gebeutelte Mehl fällt, und sich von der Kleye absondert.

Beutel-Stecken, durch diesen wird der Mehl-Beutel erschüttert, so durch die drey Daumen

men welche an dem Trilling sind, geschiehet, welches bey jedesmaligem Umlauffe des Trillings dreymalen geschiehet.

Bewegung, ist eine Veränderung des Ortes, welche in einem fortgehet. Es ist diese entweder gleich- oder ungleichförmig. Die gleichförmige ist, wann sich ein Ding beständig mit einerley Geschwindigkeit beweget, die ungleichförmige aber wann die Bewegung sich in der Geschwindigkeit verändert.

Bewegungs-Welle, ist ein vier oder acht eckigtes Stück Eichenholz, in welches eiserne Waagbalken oder Armstangen befestiget sind, an welchen die Zug- oder Druckstangen (Kolbenstangen) hangen. Diese Bewegungswelle wird durch eine Kurbel so an der Radwelle sitzer, und einer Bewegungs-Stange, welche einen eisernen Arm ergreifet, in Bewegung gebracht.

Bewegungs-Stange, siehe Bewegungs-Welle.

Bindriegel, ist ein Zimmerstück welches bey hölzernen Brücken-Geländer unten in die Säulen (Docken) eingezapfet wird, und horizontal lieget. Es sind gemeiniglich zwey und heißt man den obern Brustriegel, oder Brust-Lehnholz.

Binnen-Dycks, heißt im Hochdeutschen, innerhalb des Deichs, nach dem Land zu.

Binner-Deich, Land-Deich, ist derjenige Deich, so inwendig hinter denen Haupt-Deichen lieget, und gegen gefährliche Gegenden dessentwegen aufgeführet wird, damit, wann das Wasser

Waſſer durch den Haupt-Deich durchbricht, es vor dem Binner-Deich ſtehen bleibe, und die übrige vor Durchbrüche geſicherte Gegenden nicht auch überſchwemmen möge.

Binner-Seen, alſo werden die Seen genannt, ſo Land einwärts liegen.

Binner-Vorſiel, iſt der Theil des Sieles außerhalb der inneren Thüren, ſo ſich wegen Anbrangs des Waſſers Schwalbenſchwanz förmig ausbreitet.

Blatt, ein Zimmermanns Wort, und iſt das einpaßende Ende eines Holzes, in den Einſchnitt eines andern bey nahe auf halbe Holz dicke, dahero ſagt man ein Holz auf das andere anblatten, die beſte Art eines Blattes iſt ſo einem Schwalben-Schwanz gleichet.

Blattſtück, Wandrähm, Riechholz, iſt bey hölzernen Gebäuden und andern hölzernen Verbindungen ein nach der Länge auf die Ständer oder Säulen aufgezäpftes Holz.

Bleywaage, ſiehe **Waſſerwaage.**

Blockwagen, Steinwagen, iſt ein ſtarker Wagen auf vier niedrigen Rädern, worauf große Steinſtücke gefahren werden.

Bock ſiehe **Schlägel.**

Bock, Gerüſtbock, Rüſtbock, beſtehet aus einem langen ſtarken Holze von 4. oder mehr Schuh lang. In dieſes Holz befeſtiget man vier Füße von ſtarken Latten, welche ſich unten ausbreiten, damit ſie einen feſtern Stand bekommen. Damit ſie ſich aber nicht von einander begeben kön-

können, so werden unten Querhölzer angenagelt. Diese Böcke dienen bey verschiedenen Gerüsten, wann man zwey nach der Quere stellet und Bretter darauf leget.

Bockgestell siehe **Bogengerüst**.

Bogengerüst, Bockgestell, Lehrbogen, Lehrgerüst, ist eine hölzerne Verbindung, so oben die Gestalt des Gewölbes hat, wie sich solches bauchen oder runden soll. Die Bretter mit welchen ihre äußere Umfassung beleget wird, heißt man **Schahlbretter,** auf welchen man dann das Gewölb aufführet. Sie sind bey Brücken und andern Gewölbern zu gebrauchen.

Böcks siehe **Büchße**.

Böhre, im platt Deutschen, heißt im Hochdeutschen eine Tragbahre.

Bodenstein, ist der untere unbewegliche Mühlstein.

Bohle, Laden, Pfosten, ist ein entweder aus eichen, feuchten oder Forren-Holz von 2. bis 6. Zoll starkes, und verschiedener Länge geschnittenes Brett, welches zu Schleußen-Böden, Seiten-Wänden, Rad-Arme u. d. g. gebraucht wird.

Bolzen, Döbels, ist ein großer eiserner Nagel mit einem runden oder viereckigten Kopfe, so am Ende ein länglichtes Loch hat, wodurch ein Splint gestecket wird.

Borzenbau, siehe **Faschinen-Bau**.

Böschung, Abflächung, Doßierung, Gloje, ist die äußere und innere Abdachung oder

oder Schräge eines Deiches, oder auch die schräg gegen dem Wasser zurück liegende Seite eines Strudel (Stuedel) Zwingen oder Archen-Baues.

Braacke, Kolck, Kuhle, ist ein tiefer Keßel so vom Durchbruch eines Deiches entstehet, dahero man denjenigen so eine solche Braacke in seinem Deich hat, Braackmann heißet.

Braacken, siehe Faschinen.

Brandungen, sind wellenförmige Bewegungen, welche entstehen, wann das Wasser über eine Höhe oder Untiefe (Drögte) fällt, oder wann das zu stark fortschießende Wasser vor dem unterhalb stillstehenden oder langsam laufenden, sich aufthürmet. Man heißt es auch eine Kabbelung oder Kälbertanz.

Bremße, Zwänge, wird gebraucht, daß Leder an einem Kolben feste an einander zu pressen, und sodann mit einem Reif und Schliese zu befestigen.

Brett, Diele, ist ein mit der Säge geschnittenes Holz, so vielmal breiter als dick ist.

Bruche, siehe Hängeißen.

Brücken-Balcken, Brücken-Bäume, Brücken-Ruthe, Lager-Bäume, Enß-Bäume, sind bey einer hölzernen Brücke diejenige Bäume, so von einem Brücken-Joch zum andern auf denen Jochstücken (Cronhölzern) aufliegen, und worauf der Boden von Bohlen zu liegen kommt, welcher mit Kieß überschüttet wird.

Brü-

Brücken-Bäume, siehe **Brücken-Balken.**

Brück-Hölzer, sind schwache Baumstämme, so zwischen die Greinern bey einem Strudel (Stuedel) Bau, auf denen Lager-Strudel-Bäumen zu liegen kommen.

Brücken-Joch, bestehet aus einer Reihe geschlagener eichenen Pfählen, wovon die zwey äußersten gegen und von dem Wasser schräge geschlagen werden. Auf diese Jochpfähle, wird der **Jochträger,** so man auch **Holmen, Holbe, Cronholz** nennet aufgezapfet. Die Jochpfähle werden über dieses noch mit Creuzbändern, großen Nägeln und Bolzen verwahret.

Brücken-Ruthen, siehe **Brückenbalcken.**

Brunnen, ist eine 3. oder 4. Fuß weite in die Erde grabene Oefnung, welche etliche Fuß unter das gewöhnliche Wasser hinein gemacht wird; an denen Seiten wird er von unten bis oben trocken ausgemauret. Dieses Gemäuer stehet auf einer vier oder achteckigten Rabschwelle, so man einen **Brunnen-Kasten,** (**Brunnen-Stube**) nennet. Die Ausschöpfung des Wassers geschiehet entweder mit einem Eymer, so an einem Seil befestiget: oder man läßt ein Seil oder Kette um eine Rolle gehen, und machet an beiden Enden Eymer daran, damit wann der eine aufgezogen wird, der andere hinunter gehet, oder der Eymer ist an einer Stange, diese aber an einem Schwenckel befestiget, welcher bennahe in der Mitte in einer Gabel, auf einem Nagel ruhet, und am Ende mit Steinen oder Klözern beschwe-

beschweret wird, um den Eymer in den Brunnen hineinzusenken und wieder in die Höhe zu heben.

Brunnen-Kasten, siehe **Brunnen.**

Brunnen-Stube, siehe **Brunnen.**

Brust, Riegewand, Kehrwand, Schahlwerck, ist eine aus Spundpfählen oder sonsten gut zusammen gestrichenen Pfosten fest geschlagene Wand, und wird bey Mühlen, Wasserwehren, Schleußen, Sielen und anderer Orten gebrauchet, um dem unten durchbringen des Wassers zu wehren und zu widerstehen.

Brustlehne, Geländer, heißt man die aus Zimmerstücken zusammen gefügte Verbindung, welche zu beyden Seiten einer Brücke aufgerichtet werden, damit weder Menschen noch Vieh zu Schaden komme.

Brustriegel, siehe **Bindriegel.**

Brust-Stücken, Stemm-Geschwell, heißen die zwey vorne in einem stumpfen Winkel zusammengefügte Balken, woran die Stemm-Thore einer Schleuße anschlagen, dahero man sie auch überhaupts den Anschlag heißet.

Büchsen, sind rund aus Eisen zusammengelöthet, haben unten und oben einen schneidenden Rand, damit sie desto besser in das Holz des Deichels eingreifen. Ihre Größe richtet sich nach dem Lauf des Deichels, als z. E. der Lauf ist 1. Zoll weit, so muß die Büchse 3. Zoll haben, damit sie genug Holz fassen kann.

Büchße, Buchs, Böcks, Bux, wird diejenige Fütterung von Bircken-Holz genannt so in dem Loch des Bodensteines ist, und wodurch das Mühl-Eisen gehet.

Buchs, siehe **Büchße.**

Buhnen, unter diesem Wort werden alle diejenige Werke verstanden, welche vom Ufer aus in den Strom gebauet werden, um entweder das Wasser von dem Ufer abzuleiten, oder auch die Strombahn zu ändern.

Buthen-Dycks, heißt soviel als außerhalb des Deichs oder Wasserseits.

Buthen-Land, siehe **Vorland.**

Buther-Thüren, siehe **Butter-Vorsiel.**

Butter-Vorsiel, ist dasjenige Stück bey einem Siel, so sich vor denen äußern Thüren (Buther-Thüren) in freyem befindet, und sich des starken Ausfalles wegen, wie ein Schwalben-Schwanz ausbreitet.

Bux siehe **Büchse.**

C.

Caßcade siehe **Wasserfall.**

Cemment, ist ein Zusammensatz von verschiedenen Stücken; als Kalck-Mehl, Ziegel-Mehl, Traß, Blut, Eßig, Scheerwolle, Eisen- oder Feilspähne u. d. g. nachdem der Gebrauch des Cemments es erfordert.

Communications=Kanal siehe Kanal.
Cranz siehe Radfelgen.
Crecken, siehe Krecken.

Creuzbänder, Schwerdbänder, sind wie ein Andreas=Creuz, oder wie übers Creuz gelegte Schwerdter, aufgestellte Stützen, welche verhindern daß sich eine hölzerne Verbindung z. E. Jochpfähle nicht verschieben kann.

Creuzschwelle, wird dasjenige Stück Holz genennet, so auf die Grundpfähle bey einer Mühle, wo der Kropf ein Ende hat aufgezapfet ist.

Cronholz, ist dasjenige in die quer liegende Holz, so oben auf die Jochpfähle einer Brücke, oder auf die Docken (Grießsaulen) einer Mühle oder über andere senkrecht stehende Stützen, aufs gezäpfet wird.

D.

Damm siehe Deich.

Daummen, werden die Lattenstücke genannt, welche durch eine Welle oder Grindel eines Wasser=Rades hindurch gestecket und feste verkeilet sind, um durch deren Hülfe die Stampfen einer Pulver, Stoß, Oehl, Gewürz oder anderen dergleichen Mühle in die Höhe zu heben.

Daummenwelle, ist diejenige Welle auf welcher die Daummen eingetheilet sind.

Deckel, Schild, muß auf dem Mühlstein und der Zarg ganz eben aufsitzen, und noch eine quer

Hand über den Stein hinausgehen, damit nichts abröhren oder stauben möge.

Defer-Rad, ist ein Waſſer-Rad da die Zwiſchenräume von denen Schauflen, ſowohl von denen zwey Seiten, als auch auf der Radfelge mit dünnen Brettern verwahret oder gedöfert ſind. Ein ſolches Rad iſt nützlich zu gebrauchen wann man wenig Waſſer hat. Es werden auch die Oberſchlächtige-Räder mit dieſem Namen beleget, bey welchen die Käſtlein in dem Getäfer eingetheilet ſind.

Deich, Damm, Teich, iſt eine von der Erde gleich einem Wall aufgeführte Höhe, vor welcher ſich das Waſſer ſtauen muß, damit es nicht weiters austretten könne. Die Holländer heißen ihn Dyck.

Deichband, heißt man diejenige Gemeine oder Geſellſchaft, ſo ſich anfangs gemeinſchaftlich mit einem Deich umſchloßen hat, und denſelben zum Nutzen und Schutz ferner unterhält.

Deichel, iſt ein durchbohrter Baum nach verſchiedener Stärke, ſo zu Waſſerleitungs-Röhren gebraucht wird. Man bedient ſich darzu des Forren (Kiefern) Ulmen, Eichen und Erlen-Holzes.

Deichel-Büchße ſiehe Büchße.
Dexel ſiehe Haue.
Diele ſiehe Brett.
Directions-Linie, iſt diejenige Linie, nach welcher ſich ein Körper beweget, wann der Wider-

verstand, so der Bewegung gesetzet worden, gehoben ist.

Docken, Grieß-Saulen, sind aufrechtstehende vierkantige Hölzer mit Falzen, darinnen die Schutzbretter auf- und nieder gehen, sie werden oben mit einem Cronholz bedecket.

Docken, Polzen, Geländer-Säule, sind die kleine Säulen, so man zu äußerst bey einer Brücke in die Jochstücke, und darzwischen in andere darzu gemachte Hölzer senkrecht aufstellet, und mit dem Brust- und Bindriegel, auch Streben verbindet, woraus die Lehne oder das Geländer einer Brücke entstehet.

Döbel siehe Bolzen.

Dossierung siehe Böschung.

Drath-Mühl, diese bestehet aus einem starken Stahl, in welchem runde Löcher von verschiedener Größe durch welche man geschmiedete Eisen-Stangen, desgleichen Meßing, Kupfer, Silber und Gold ziehet, wann zuvor die Stangen an einem Ende etwas zu gespitzet und in die runde Löcher gestecket worden. Alsdann wird der Spitz, welcher etwas durch das Loch gehen muß, von einer Zange ergriffen, und mit Hülfe eines Dreh-Rades, mit Gewalt durchgezogen, wodurch die Stange länger und dünner wird. Sollte aber der Drath noch nicht dünne genug seyn, so muß man denselben immer von einem kleinen Loch zum andern bringen, bis er seine Dicke oder Stärke erlanget, als man nöthig hat.

Dreh-Brücke, wird genennet, welche an denen zweyen Enden beweglich ist, in der Mitte von einander gehet, und sich umdrehen läßet. Man gebraucht sie bey Flüßen und Kanälen, worauf Schiffe gehen, damit sie mit ihren Masten ungehindert paßieren können.

Drehling, siehe Trilling.

Dreh-Stelzen, diese kommen zu Ende der Stein-Riegel zu stehen und reichen bis an die Balcken der Decke.

Drehthor, ist eine Zusammenfügung von Zimmerwerk, welche in einem Rahm stehet, in dessen zweyen äußersten Ständern, Bandstücke eingefuget, durch den mittlern beweglichen Ständer durch gehen, und mit Bolzen und Eisen-Beschläg verbunden sind. Auf der Seite wo das Waßer aufgehalten wird, ist das Drehthor mit Bohlen bekleidet, unten aber werden kleine Thürlein so mit Schußbrettern verschloßen, angebracht.

Driften siehe Auffarth.

Drogte, ein Deicher Wort, und soviel als eine Untiefe heißet.

Druckwerk, ist eine Waßer-Maschine vermittelst welcher man aus einem tiefen Ort, das Waßer in die Höhe treibet. Sie bestehet aus dem Stiefel oder Kolben-Röhre, in welcher ein Kolben so an die Zug- oder Druckstange befestiget ist, auf- und nieder gehet. In dem untern Theil des Stiefels in denen sogenannten Hoßen ist ein Ventil, welches sich bey dem Aufheben des Kolbens öffnet, und Waßer in den Stiefel ziehet, so bald aber das Waſſer zu ſteigen aufhöret, ſchließt ſich das Ventil wieder, und läßt kein Waſſer zurückfallen. Gehet hernach der Kolben wieder nieder, oder drücket, ſo drücket er das Waſſer durch eine kleinere Röhre ſo an der Seite des Stiefels angebracht iſt, und der Kropf heißet, (zwiſchen welchem Kropf und der Gabelröhre ein Ventil iſt), in die Steig- oder Aufſatzröhre, in welcher es durch das wechſelſeitige Drücken und Aufziehen des Kolbens bis zu der Höhe ſteiget, wo es ſich in den Waſſer-Behälter ergießen ſoll. Dieſe Druckwerke ſind auch bey Feuer-Spritzen mit dem größten Nutzen zu gebrauchen.

Drumpel ſiehe Schlaapfoſten.

Dücker, iſt bey dem Deichbau ſowohl als unter Kanälen, eine unterirrdiſche Waſſerleitung, ſo quer unter dem Deich oder dem Kanal durchgeführet wird, ohne daß ſich die zwey Waſſer mit einander vermengen können. Man heißt ſie auch theils Orten Grundrinnen. Diejenige welche unter dem Deich fortgeführet werden, um die Abwäßerung des Binnerlandes zu befördern, werden meiſtens von Holzverbindung gemacht, diejenige unter denen Kanälen aber ſind beſſer, wann ſie von Steinen aufgeführet werden.

Durchlochnng, wird dasjenige Loch oder Falz genennet, welches in die Docken eines Mühlgerüſtes (Steig oder Blet) gemacht wird, und darinnen die Tragbäncke ihren Platz haben, ſie ſind gemeiniglich 2. Fuß hoch vom Haußbaum gemacht, und haben 2. Fuß zur Länge und 5. Zoll zur Weite.

Durchſchnitt, bey einem Fluß, iſt nichts anders, als diejenige Fläche, ſo den laufenden Fluß auf ſeinem Boden von einem Ufer zum andern lothrecht durchſchneidet. Dieſer Durchſchnitt wird zu Papier gebracht, wann eine Schnur ſo durch Knoten in Schuhe getheilet, von einen Ufer bis an das andere ausgeſpannet, und die Tiefen von Knoten zu Knoten mit einem Maaßſtab oder dem Senckel genommen wird welches man in der Deicher-Sprache die **Pögelung** heißet.

Dwo, iſt ein Wort ſo in denen Marſch-Ländern üblich, und in unſerer Sprache **Leimmen** heißt. Es iſt aber dieſer Leimen eine fette, gelinde zuſammenhangende Erde, ohne ſteinigte Theile, und meiſtens von gelblichter Farbe.

Dyck, ſiehe Deich.

E.

Ebbe und Fluth, geſchiehet gemeiniglich in 24. Stunden zweymal, ſo daß das Waſſer in 6. Stunden auf eine gewiſſe Höhe ſteiget, und dieſes ſteigen heißt man die Fluth, in denen folgenden 6. Stunden aber fället es wieder zu der gewöhnlichen Tiefe, und dieſes fallen wird die Ebbe genannt.

Ebbethor, heißt man dasjenige Thor bey einer Schleuße die an einem Meere lieget, ſo gegen

gen das Land, oder gegen dem innern eines Hafens lieget.

Eichpfahl, siehe **Mahlpfahl**.

Eimmer-Kunst, ist eine hydraulische Maschine, so aus einem Seil ohne Ende, woran Eimmer feste gemachet, bestehet. Diese Eimmer schöpfen in der Tiefe Wasser, und werden durch Hülfe horizontaler Winden deren eine oben, die andere aber unten im Brunnen angebracht ist, und Hülfe einer Kurbel, so an der obern Winde oder Haßpel feste gemachet in die Höhe gewunden, da sie dann das Wasser in einen Trog ergießen.

Einbau, Hacken, Eindämmung, Zungen, Sporen, Einschlag, Wasserwurff, ist ein Damm so vom Ufer nach einem gehörigen Winkel in den Strom hineingebauet wird, um dasselbe vor fernerem Abbruch zu verwahren, oder den Strom zu versetzen. Man macht dergleichen Werke, entweder aus Faschinen, Würsten, Pfähle und Kieß, oder als einen Strudel-Bau, oder von hölzern Kästen, oder auch von Mauerwerck, nachdem das Wasser reißend und der Grund des Strom-Betts und die Ufer beschaffen sind, und man die Kosten darzu anwenden will und kann.

Einbettung, siehe **Grundlage**.

Eindämmung siehe **Einbau**.

Eingehängter-Träger, siehe **Träger**.

Eingelaßner-Kopf, heißt wann der Kopf eines Nagels oder Schraube dergestalt in ein Brett oder andere Sache eingetrieben wird, daß der-

derselbe nicht hervorstehet sondern mit der Fläche des Brettes ganz eben, oder wohl gar so tief eingesenket ist, daß man ihn mit einem Spündgen bedecken kann.

Einkammung, ist ein Zimmermanns Wort, und bedeutet die Einschnitte, worein die Kämme passen. Sie können von zerschiedener Art gemacht werden, an denen Ecken aber macht man sie am besten Schwalbenschwanz förmig, wie man an denen Archen und Kästen wahr nimmt.

Einlage, heißt wann bey entstandener Bracke, die neue Deichs Flage einwärts gegen das Land gebracht werden muß: so wie im Gegentheil man eine Auslage nennt, wann die Deichsflage gegen das Wasser gezogen wird.

Einschlag, siehe **Einbau.**

Einschlief, ist der oberste Theil eines Stiefels, welcher weiter als der innere Lauf desselben, und gegen dem obern Durchmesser schräge zu lauft.

Einschnitt siehe **Kamm.**

Einspanrohr, ist von Kupfer oder Bley, und wird gebraucht, wann eine Ausbesserung mit dem einlegen neuer Deichel vorbey, und alte Deichel welche noch gut, liegen bleiben, so setzt man zwischen beyde das Einspanrohr ein, und befestiget solches mit Hohl-Speigel so lange, bis kein Wasser mehr aus denen Deichelen neben auslauffet.

Einzapffen, heißt, wann man an dem Ende eines Stück Holzes einen dünnen Zapfen machet, welcher gemeiniglich der dritte Theil von der
Holz-

Holzstärcke ist, und hernach diesen Zapfen in ein Loch eines andern Holzes, worein der Zapfen genau passet, einstecket und vernagelt.

Eisbaum, siehe **Eisbrecher**.

Eisbrecher, ist ein gegen dem Strom vor einem Brücken-Joch aus geschlaanen Pfählen, welche ungleicher Länge sind, bestehendes Gerüste. An die Pfähle werden Zapfen geschnitten, und auf diese ein schräges und abgeschärftes Holz aufgezapfet. Auf welchem Holze sich die Eisschollen zerstoßen, oder andern auf dem Wasser herschwimmende Körper dadurch hinweggeleitet werden, wodurch das Brücken-Joch vor dem Anstoße verwahret wird.

Eißenhammer, ist ein Gebäude, wo das Eisen geschmolzen, und das geschmolzene Eisen mittelst eines Hammers aus dem gröbsten gearbeitet wird, daß es Schmiede, Schloßer und andere Eisen-Arbeiter gebrauchen können. Es werden auch auf Eisenhämmer, Kanonen, Kurbeln u. d. g. starkes Eisenwerk geschmiedet.

Eispfähle, werden von Eichen-Holz gemachet, und die Seite so gegen dem Strom kommt mit einer Schärfe versehen. Sie werden als ein Rechen vor dem Mahlgerinn einer an einen Fluß gelegenen Panster-Mühle, so nahe an einander geschlagen, damit weder Holz oder Eißschollen in die Räder kommen kann.

Enebäume, siehe **Brückenbalken**.

Erb-Zoll, siehe **Mahlpfahl**.

Ersäuffen, sagt man, wann das Wasser bey einer Mühle oder andern Wasser-Maschine so hoch zu stehen kommt, daß die Räder, sie seyn unter oder oberschlächtig, nicht mehr umlauffen können. Theils Orten sagt man auch die Räder baden.

F.

Fachbaum, Wuhrbaum, Grundbaum, Spundbaum, ist derjenige Querbalken, welcher vor dem Gerinne einer Mühle wo sich das Wasser sammlet, unten an den Boden geleget wird. Auf diesen Fachbaum werden die Grieß-Säulen mit Falzen aufgerichtet, welche mit Schutz-Brettern verschloßen werden.

Fahrwasser, Strombahn, Ruder, Rinnsal, ist der Wassergang, welcher so viele Tiefe hat, das Fahrzeuge darinne fahren können.

Fall, Abhang, Abschüssigkeit, des Wassers ist die Abweichung von der wahren Horizontal-Linie.

Falle, siehe Schutzbrett.

Falz, siehe Spunt.

Faschinen, Braacken, Wellen, Borzen, sind Reißbunde aus allerley Stauden und Bodengehölze, welche mit Widen zusammen gebunden, und an dem starken Ende gleich abgestutzet werden. Sie werden von 5. bis 12. Schuh lang gemacht, ihre Dicke ist auch verschieden, und können 2. bis 3. Fuß im Umkreiß haben.

Fa-

Faschinen-Banck, ist eine Stellage so aus Creutzweiß geschlagenen Pfählen, welche in der Mitte mit Wieden zusammen gebunden werden, bestehet, und worauf das Reißig geleget wird, bis es seine gehörige Dicke hat, welches hernach mit einem Strick so an runde Stäbe befestiget, oder mit einer Kette zusammengezogen, darhinter aber mit Wieden feste gebunden wird.

Faschinen-Bau, Borzen-Bau, ist ein aus Faschinen und kleinen Pfählen gemachtes Packwerk.

Faschinen-Pfähle, sind kleine aber gerade 5. 6. 12. bis 18. Schuh lange, und am dicken Ende 6. bis 7. Zoll im Umkreiß starke Pfähle.

Feder, siehe **Spund.**

Feldgestäng, Schiebwerk, Stangen-Werk, diese werden gebraucht, wann eine Wasserkunst, von einem Wasser-Rad in Bewegung gebracht werden solle, das fließende Wasser aber von dem reinen Quell oder Bronnen-Wasser weit entfernet ist. Ein solches Feldgestäng kann über Berg und Thal gehen, und kann auf verschiedene Art verfertiget werden, und sind deren doppelte und einfache. Die doppelte bestehen, aus fest in dem Landboden gesetzten Säulen, worauf ein balancirender Ständer stehet, durch welchen zwey Stoß-Bäume oder Stangen-Holz hin und her beweget werden. Oder es bestehet aus festgesezten Saulen, Stangenhölzern oder Steegen, so von balancirenden Schwingen, hin und her beweget werden. Die einfache Feldgestänge bestehen

stehen aus Pfählen so in den Landboden eingesenket, worauf ein Grindel-Welle, oder sogenannte Walze sein Lager hat, auf deſſen Mitte ein ſenkrechter Arm aufgeſtellet, in welchen oben zwiſchen zwey Horn die Steege oder Stangen mit einem Bolzen verwahret ſind, damit aber der ſenkrechte Arm nicht aus seinem Stand kommen kann, ſo wird ſolcher auf beyden Seiten mit der Walze durch Strebbüge verbunden. Oder es kan auch ein einfaches Feldgeſtäng, aus folgenden Stücken zuſammen geſetzet werden: nemlich aus einem Geſchwöll-Holz, welches auf eingeſchlagenen Pfählen in die Erde befeſtiget wird, auf dieſes Schwellholz wird eine aufrecht ſtehende Welle mit ihrem Zapfen, ſo wie in das obere Cronholz eingelaſſen, etwas über dem untern Zapfen von dem Landboden wird ein Arm winkelrecht eingeſetzet und mit der aufrecht ſtehenden Welle, durch ein Sterbband verbunden, nicht weit aber von dem Blatt, wo das Strebband in dem Arm eingeblattet ist, wird das Stangen-Holz oder Steeg anfgeſchraubet. Die Bewegung dieſer Feldgeſtänge geſchiehet durch eine Kurbel welche am Waſſer-Rad iſt. Dieſe hier beſchriebene Arten ſind in dem von mir verlegtem Walteriſchem Werke von Brunnen-Künſten groß und deutlich vorgeſtellet.

Felgen, ſiehe Radfelgen.

Flaacken, Horden, ſind feſte viereckigt geflochtene Zäune.

Flechten, Verzäunungs-Ruthen, sind zarte geschlanke Reiser, von Hagebuchen, Bürken, Weiden oder andern biegsamen Holze welche man 6. bis 7. Zoll hoch um die Faschinen-Pfähle flechtet, die längsten sind die besten, und wann sie 2. Zoll im Umfang haben, sind sie zur Arbeit am bequemsten.

Fleeth, siehe Zuggraben.

Floßgraben, ist ein Graben, welcher Wasser aus einem angelegten Wasser-Behälter bekommt, um das Floß oder auch Scheidholz, auf demselben fortzuflößen.

Fluder-Rädlein, ist ein 4. bis 5. Fuß hohes und 5. bis 6. Schuh breites Wasser-Rad, so bey Schneid oder Säg-Mühlen, wo ein hohes Gefäll ist, gebraucht wird. Die Kurbel so den Sägegatter (Weiffe) in Bewegung bringet, ist an die Welle dieses Rades angebracht.

Fluth, siehe Ebbe.

Fluthbett, ist ein aus Bohlen oder besser aus beschlagenen Zimmerholz, zusammengesetztes Gerinn, dadurch das Wasser auf das Mühlrad läuft.

Fluth-Deich, Noth-Deich, Sommer-Deich, sind Deiche welche man mit Pfählen anleget, wenn ein Deich durchgraben werden muß, um eine Schleuße oder Siel einzulegen, sobald die Arbeit fertig, werden sie wieder ausgehoben.

Fluttthor, ist bey Schleußen so am Meer liegen, das äußere Thor, so gegen demselben stehet.

Fontaine, siehe Springbrunnen.

Freygerinne, Wüstgerinne, Freylauff, Wasser-Ablaß, Leere-Gaße, ist dasjenige mit Schutzbrettern versehene Gerinne, wodurch das überflüßige Wasser bey Mühlen abgelassen wird.

Freylauff, siehe Freygerinn.

Friction, Scheurung, Reibung, darunter verstehet man denjenigen Widerstand, welcher von der Fläche an der sich ein Körper beweget, gemacht wird.

Fugen, bey denen Schleussenböden, oder einer andern Bekleidung, ist der Raum zwischen zween Brettern oder Bohlen, welche mit Werg und heißen Pech zugestopfet wird, damit das Wasser nicht quer durchdringen kann, welches verstopfen man kalfatern nennet.

Füll-Erde, bey den Deichen wird aus denen alten Sodengrüften genommen, und ist diejenige Erde woraus das innere des Deiches bestehet.

Fuß, Verstärkung des Deiches, ist wann ein Deich zu schwach, daß mehr Erde aufgefahren, und der Deich verstärket oder eine größere Anlage bekommen muß.

G.

Gabelröhre, ist die Röhre, so auf die Gurgel oder den Kropf mit Lappen und Schrauben befestiget ist, und zwischen diesen beyden Röhren befindet sich ein Ventil, und laufet bey doppelten, drey-

dreyfachen ꝛc. Kunſtwerckern, bis zur Vereinigung mit der Steig oder Auffatzröhre als eine Gabel zuſammen.

Gatter-Säulen, Gatter-Scheiden,
heißt man bey Säg oder Schneid-Mühlen, diejenige Säulen mit Falzen, ſo unten und oben
an die Lagerbalcken der Mühle mit eiſernen Bolzen befeſtiget ſind, und darinnen der Säge-Gat-
ter lothrecht auf- und niederſteiget.

Gang, ſiehe Mahlgang.

Gebiet, Steig, Mühlgerüſt, wird dasjenige Gerüſt bey Mühlen genennet, unter welchem das Kammrad und Trilling, der Steeg u. d. g.
ſich befindet, oberhalb demſelben aber die Mühlſteine, mit denen Steinriegelen und Stelzen, ꝛc.
ihren Platz haben. Es beſtehet aber dieſes Gerüſt aus denen ſogenannten Docken ſo unten in
den Haußbaum, und oben in das Querholtz (welches die Müller Launer nennen) eingezapfet ſind,
und noch andere Stücken, ſo in der Folge erkläret werden ſollen.

Gefäll, ſiehe Fall.

Gefäll, iſt bey Mühlen der Unterſcheid des
Waſſer-Standes, ſowohl ober als unterhalb der
Mühle. Dahero ſagt man eine Mühle hat 3.
oder 4. Fuß Gefäll, wann der untere Waſſer-
Stand um ſoviel Fuß tiefer lieget, als der obere.

Gefäll lebendiges, ſo die Gerinne zum Abhang oder Kröpfung bekommen.

Gefäll-Laden, ſiehe Schuß-Laden.

Gefahr-Deich, ist ein Deich so gar kein Vorland hat, sondern der Strom an dem Fuß desselben hinfließet.

Geländer, siehe Brustlehne.

Geometrie, ist die Wissenschaft von Erfindung der Größen in der Ausdehnung.

Gerinne, ist bey Wasser-Mühlen oder andern hydraulischen Maschinen der Kanal, wo das Wasser-Rad läuft, und aus dem Schußladen, dem Kropf und denen Eisbänken bestehet. Vor dem Schußladen befindet sich das Schußbrett, vermittelst man viel oder wenig auch gar kein Wasser in das Gerinne laufen lassen kann.

Gerüst, Bock, siehe Bock.

Gerüst, Stellage, bestehet aus Pfählen, Langerhölzern, Riemen und Bohlen, so an einem Ufer wo Vorpfähle geschlagen werden müssen, oder auch mitten im Wasser gemacht wird, um das Schlagwerk oder Ramm-Maschine darauf zu stellen. Man machet auch fliegende Gerüste, von Schiffen oder Flößen, Pfähle in Mitte des Wassers einzuschlagen.

Geschirr, unter diesem Wort begreift man, bey einer Wasser-Maschine das Rad, Waagbalken, Kurbel, Stiefel, oder Kolben-Röhren, und den Kolben, mit allem übrigen Zugehör.

Geschlacht-Holz, siehe Wandholz.

Gestühl-Säule, siehe Radstuhl-Säule.

Getrieb, siehe Trilling.

Gießbrett, siehe Schußladen.

Gleichung, siehe Lückung.

Gloſe, ſiehe Böſchung.
Goße, ſiehe Rumpf.
Göſtland oder die Göſt, iſt dasjenige Land ſo höher und trockner liegt.
Grand, ſiehe Rieß.
Greinern, ſiehe Klammerzangen.
Grießſaul, ſiehe Docke.
Grindel, ſiehe Welle.
Groden, iſt ein Anwachs, ſo ſchon hoch mit Gras oder Andel bewachſen. Dahero heißt man Andel-Groden denjenigen welcher reif, Quendel-Groden aber ſo noch ganz neu und erſt zu begrünen anfängt.
Groden-Deich, iſt ein Deich ſo Vorland hat, und unterſcheidet ſich dahero von andern Waſſer-Deichen, vor welchen das Waſſer gar nicht wegkommt, auch von Schlick-Deichen, ſo noch Schlick (Schlamm) vor ſich haben.
Grotte, iſt eine Höhle, ſo meiſtentheils unterirrdiſch iſt, und bey heißer Sommers-Zeit zur Abkühlung dienet. Sie wird gemeiniglich zu Ende eines Gartens angeleget, und mit allerley Muſcheln, Erzt-Verſteinerungen, Topfſteine, Corallen-Zinken, ingleichem mit Baum Moas, Baum-Rinden, Spiegel-Stücken u. d. g. verwildert und unordentlich gemacht. Die darinnen angebrachte Spring-Waſſer und Waſſer-Fälle, müßen durch ihr Geräuſch und Spielwerk eine ſolche Grotte beſonders angenehm machen.

E Gru-

Grube, Mörser, Hafen, werden die Löcher in dem Grubenstock bey Pulver, Oehl und Stoß-Mühlen, genannt.

Grudbaum, siehe Fachbaum.

Grund mit verlohrnen Steinen, wird von Steinen, Kalck, Traß, oder Pozelanischer Erde gemacht, und in tiefen Flüßen, oder im Meer wo man keine Umdämmungen machen kann, gebrauchet. Auf diese Weise werden die Molen bey See-Häfen gemachet.

Grundbruch, ist die Vertiefung und Aushöhlung, welche ein Strom im Grund unter dem Ufer machet, und deme der Abbruch als eine Nachstürzung des obern Ufers folget.

Grundholz, ist ein Stück eichen Holz, welches in einen Wasser-Kasten eingesetzet wird, und sowohl von oben als auch von einer Seite durchlochet ist. Die Löcher von der Seite werden mit Seiher Blechen verwahret, damit nichts unreines zu denen Ventillen kommen kann, auf die obere Löcher werden die Stiefel festgesetzet.

Grundlage, Einbettung, ist die Gründung bey tiefen Wassern, aus roschigten Tannen, (Rauch-Holz) oder Felbern (Weiden) oder auch aus Faschinen und Würsten, um darauf einen Wasserbau er sey hernach von welcher Art er wolle (von Steinen ausgenommen) darauf aufzuführen.

Grundpfähle, sind Pfähle so bey einem Wasserwehr, Schleuße, steinernen Kaien, Brücken-Pfeilern, tief in den Grund eingeschlagen wer-

werden, auf welche hernach ein Rost zu liegen kommt. Man bedient sich derselben, wann der Boden nicht feste, sondern locker ist, oder gar aus Triebsand bestehet.

Grundrinne, siehe Dücker.

Grundschwelle, wird dasjenige Stück Holz genannt, worinnen die Pfanne (Kumme) eingelassen, darinnen der Zapfen einer Schleußen-Thüre seine Spielung hat.

Grundwerk, Wasserbau, bey Mühlen bestehet aus dem Heerd, Grießwerk, Mahl und Wüsten-Gerinne, überhaupts aus sämtlichem Pfahl- und Rostwerk.

Gumper, siehe Plumpe.

Gurgel, siehe Knie.

Gußmündung, ist der äußere Theil oder das Mundloch bey einem Rohr so auf denen Springbrunnen aufgeschraubet wird, durch welchen der Wasserstrahl herausfähret.

Gußröhre, ist das Rohr so oben an einer Plumpe an die Steigröhre eingestecket wird, und durch welche das aus dem Brunnen heraufkommende Wasser sich in einen Trog, oder auch in unterhaltende Geschirr ergießet.

H.

Hacke, siehe Einbau.
Hafen, siehe Grube.
Hafen, siehe Stiefel.

Hahnen-Kasten, siehe **Theilungs-Grube.**

Hals, so wird der obere Zapfen an einem Zapfen-Stender genannt, woran das Halseisen sich befindet.

Hals, heißt man auch den äußersten Theil einer Rad-Welle, so etwas verlohren zu gehet, wo der Zapfen ist. Dieser Hals ist mit eisernen Reifen beschlagen.

Halsband, siehe **Halseisen.**

Halseisen, Halsband, Halsklaue, ist ein nach einem halben Circul gebogene eiserne Schiene, so mit Anker und Döbel in die Seiten-Mauren einer Schleuße befestiget ist, um die Schleußen Thür-Flügel oben am Hals zurück zu halten.

Halsklaue, siehe **Halseisen.**

Hammer, heißt man bey Papier- und Walk-Mühlen, diejenige Stampfe, so als ein Hammer gestaltet, und bey ersterer die Lumpen zerfaßen, bey letzterer aber aus der Leinwand, Kozen, u. d. g. das Unreine heraus walket.

Handramme, Jungfer, ist ein großer starker eichener Kloz oder Block, so entweder mit Stielen, oder Hand-Häben oder Bögen versehen, an welchen die Handramme bey Einschlagung der Pfähle in die Höhe gehoben wird. Sie werden theils Orten **Pfaffen-Mütze** genannt.

Hangeisen, Bruche, ist eine starke eiserne Schiene, so mit Löchern und Warzen versehen, damit man durch erstere Bolzen stecken, bey letztern

tern aber denen Klammern ihre Haltung geben kan. Sie werden bey gehängten Dächeren, Brücken und anderer Orten gebraucht.

Hangsaul, wird diejenige aufrecht stehende Stütze genannt, so auf einem Balken aufstehet und von der Seite von Streb-Bändern dergestalt gefaßt wird, daß sie nicht senken kann. An diese Säule wird der Balken mit dem Hangeisen befestigen. Bey Brücken werden sie aus zwey verzahnten Hölzern zusammengesetzet.

Hängwerk, ist im Zimmerwerk, die Fassung eines freyliegenden Balkens, daß er sich nicht biegen kann, sondern sowohl vor sich selbsten gerade liegen bleibe, und wohl noch eine darüber liegende Last tragen kann.

Harrel. siehe Zapfenständer.

Haspel, ist ein Rüst-Zeug, so aus einer Welle so an beyden Enden Zapfen hat, welche in einer Pfande ruhen. Durch die Welle gehen Creuzweiß Hebe-Bäume, oder es sind an denen Zapfen Kurblen angebracht. Der Gebrauch dieser Maschine ist, sowohl allerhand Materialien, durch Hilfe eines Seiles so um die Welle gehet, in die Höhe zu bringen, da entweder der Haspel sich in der Höhe befindet, oder auf dem Erdboden stehet, und in letztem Fall, daß auf zu windende Seil, über eine in der Höhe befindliche Rolle gehet.

Haube, siehe Haue.

Haue, Haube, Depel, ist ein Stück Eisen zu oberst des Mühleisens, und in den Laufer oder obern

obern Mühlstein eingreifet, und denselben in Bewegung bringet. Der Namen Haue kommet her, weil dieses Eisen die Figur einer Haue hat.

Haupt, ist ein von Holzwerk geschlagenes, von dem festen Ufer nach der Tiefe des Stromes sich erstreckendes Wassergebäude, durch welches der Strom vom Lande oder Ufer abgewiesen und den fernern Einbruch ins Ufer und die Vertiefung an demselben oder des Vorgrundes verhindert.

Haupt-Deiche, sind diejenige, welche zu allen Zeiten die Ueberschwemmungen abhalten müßen.

Haupt-Hahnen, diese werden an denen Wasserleitungen angeordnet, wann man mit einer Art Leitungs-Röhren oder Deichel aufhöret, und mit einer andern von kleinerm Lauf anfangt. Man muß bey deren Anlegung die Lage der Straße wohl untersuchen, weil solche Hahnen in Feuers-Gefahr eröfnet werden, damit das mit großer Gewalt heraus quellende Wasser ohne denen nahe gelegenen Häusern zu schaden, seinen Ablauf haben möge. Auch werden diese Haupt-Hahnen eröfnet und das Wasser aus der Röhrleitung ausgelassen, wenn an derselben eine Reparation vorzunehmen ist.

Hauptriegel, werden die zwey äußerste Riegel bey einer Arche, Kasten u. d. g. genennet.

Hauptschwellen, sind die stärksten Balken, so auf die Pfähle eines Rostes aufgezäpft werden,

auf

auf welche man hernach die Bohlen befestiget, um eine Grundmauer darauf aufzuführen.

Hauß-Bäume, werden die vierkantige Hölzer genennet, welche innerhalb der Mühle liegen, und in welche die Docken des Mühlgerüstes zu stehen kommen.

Hebelatten, diese gehen mitten durch die Stampfen, welche man bey Pulver- und andern Stoß und Stampf-Mühlen gebraucht, und werden durch die Daummen so in der Welle, auf die nöthige Höhe gehoben.

Hebschine, Aufhelfeisen, durch dieses kann die Trag Bank und das gantze Lager sammt allem was daran und darauf erhoben und niedergelassen werden.

Heerd, ist der obere Theil des Grundwerks einer Mühle, oder das Bretterwerk.

Heerdpfähle, siehe Spundpfähle.

Heuer, bedeutet in der Deicher Sprache so viel als der Werth einer Sache, z. E. ein Aussen-Deiches, einer Anzahl Faschinen u. d. g.

Heyden-Deich, wird derjenige Deich genennet, so in einigen Gegenden auf dem Moor gehalten wird, um zu verhüten, daß das von dem hohen Moor herabfallende Wasser, nicht auf einmal auf das nächst gelegene niedrige Märschland stürze, sondern jenes so lange zurückstaue, bis es allmählig unten durchseigen, und von der Luft ausgetrocknet werden kann.

Hoch, oder das höchste Wasser, ist die höchste Höhe so das Wasser bey einer Fluth erreichen kann.

Höhle, siehe Sichter.

Hohlwasser, oder das niedrigste Wasser, ist die niedrigste Tiefe, worzu es bey der Ebbe fällt.

Holbe, siehe Brücken-Joch.

Holmen, siehe Brücken-Joch.

Hoje, siehe Schlägel.

Holzungen, Rain, sind längs dem abbrechendem Ufer außerhalb Deichs geschlagene Wasserwerke, damit dem ferneren einspiehlen des festen Landes oder auswendigen Lerme des Deiches vorgebauet wird.

Horden, Flaacken, sind über kleine Pfähle geflochtene Zäune.

Horizontalrad, ist ein Wasser-Rad so horizontal lieget, und dem Wasser-Stoß auch horizontal empfanget.

Horizontal-Waage, siehe Wasser-Waage.

Horn-Scheer, heißen die Zimmerleuthe die Einschnitte, bey Wandhölzern, Sparren ꝛc. worein der Zapfen des andern Wandholzes und Sparrens passet.

Hoßen, heißt man den untern erweiterten Theil eines Stiefels, nächst der Ventil-Kammer.

Hottschen, siehe Schuh.

Hottschstelle, siehe Schuh.

Hydraulick, ist eine Wissenschaft, so von der Bewegung des Wassers und andern flüßigen Körpern handelt, und darinnen überhaupt die Gesetze der Bewegung erkläret werden.

Hydrostatick, ist diejenige Wissenschaft welche von der Schwere der flüßigen Dingen an und vor sich selbsten, als auch ihrer Wirkung in feste Körper handelt.

J.

Jagdband, man nennet dieses Band in der Zimmerkunst dessentwegen also, weil der untere Theil woran der Jagdzapfen ist, in die Versatzung gleichsam eingejagt oder mit Gewalt eingestrichen wird.

Jagdzapfen, siehe **Jagdband.**

Indicke, siehe **Raindeich.**

Insel, entstehet, wann jählinge Fluthen besonders wann solche das Eiß aufreist, und gewaltig unter und neben sich herum wühlen, dardurch der Sandregen gemacht wird. Dieser wird nun von dem Wasser so lange fortgewälzet, bis der erste Sturm vorüber, und sich setzen kann, da dann eine Insel entstehet, so man theils Orten **Wörder** nennet.

Joch, Jück, ist eine Verbindung, so aus zweien Stendern und einem Balken bestehet.

Jochpfähle, siehe **Brücken-Joch.**

Jungfer, siehe Handramme.
Jück, siehe Joch.

K.

Kabbelung, siehe Brandungen.
Kahr, siehe Rumpf.
Kaie, Anländen, heißt an dem Ufer eines Schifhavens ein geschlagenes Holzwerk.
Kaiedeich, Vordeich, Stemmen, ist ein Deich, welcher nur auf eine Zeit lang zur Bedeckung einer Arbeit angeleget wird, damit man vor Ueberlauf der Fluthen gesichert seye und im trocknen arbeiten kann. Man heißt aber auch diejenige Kaiedeiche, welche innerhalb des Haupt-Deiches in einigen Gegenden zu dem Ende angeleget werden, daß wann ein Commune von einem Deichbruch überfallen wird, die benachbahrte, wo nicht gänzlich, doch wenigstens auf einige Zeit frey bleibe. Diesem Deich giebt man auch den Namen Indicke.
Kalberdanz, siehe Brandungen.
Kalfateren, heißt soviel als die Fugen mit Werk verstopfen, z. E. bey Schleußen-Böden, und dieselbe nachmals betheeren.
Kamm, Einschnitt, Kerbe, wird von denen Zimmerleuthen in ein Zimmerstück auf verschiedene Weise eingeschnitten, nachdem es die Verbindung des Holzwerks erfordert, in welche Einschnitte das Blatt eines andern Holzes paßen muß.

Käni-

Kämme, Zähne, heißt man die Theile eines Kammrades, welche aus demselben von der Seite hervorstehen, mit der Radwelle parallel laufen, und in das Getrieb greifen. Bey denen Sternrädern stehen sie auf den Umkreiß des Rades.

Kamlungen, Kamelen, ist eine Art von kleinen Erhöhungen an denen Wasserlößen, Wetterungen ꝛc.

Kamstürzung, siehe **Kappstürzung.**

Kamrad, ist bey Mühlen und andern Maschinen ein Rad, so aus Felgen und Arme zusammen gesetzet ist, an einer Welle laufet, und an der Seite Kämme hat, so mit der Welle parallel laufen.

Kanal, ist ein durch Kunst gemachter Fluß oder großer Graben, zum besten der Schiffarth, oder eine morastige Gegend trocken zu machen, oder ein Meer in das andere, oder einen Fluß in den andern zu leiten. Ein Kanal von letzterer Art, wird ein **Comunications-Kanal** geheißen.

Kappe, Kamm, Kranz, ist die obere Fläche zwischen der äußern und innern Abdachung des Deiches.

Kappstürzung, Kopf-Kamm- oder **Abstürzung,** ist eine Beschädigung des Deichs, so entstehet, wann entweder die Fluth zu hoch lauft, daß sie an niedrigen Orten überlauft, oder wann die Wellen die Kappe abschlagen, daß das Wasser einen Ueberfall bekommt.

Kasten, ist ein aus Stenderwerk, Grund- und Wandhölzern, Riegel und Schwingen verbundenes Zimmerwerk, so mit Steinen und Kieß beschwehret wird, und zu Befestigung der Ufer, oder als eine Mole, oder zu Wehren zu gebrauchen ist.

Kasten-Kunst, ist eine Maschine, so aus einer oder zwey Ketten ohne Ende, woran Eymer oder Kasten befestiget sind, bestehet. Die Kette gehet um eine Welle herum, und wann dieselbe umgetrieben wird, so schöpfen die Eymer in der Tiefe Wasser, und gießen solches wann sie in die Höhe kommen, aus.

Kaze, siehe Schlägel.

Kegel-Ventil, bestehet aus einem abgeschnittnen Kegel, welcher in eine Hülse die dem Kegel gleichet, einpasset. Der Kegel hat oben an dem Kopf einen Rand, welcher so weit hervorgehet, daß er die Hülse auf das genaueste verschließe, unten aber hat der Kegel einen Zapfen, welcher auf einen Querstift stoßet, der verhindert, daß der Stift nicht höher in die Höhe kann, als er solle.

Kehrwand, siehe Brust.

Kerbe, siehe Kamm.

Kern, also wird der allerinnerste Theil am Holz geheißen, und welcher gleichsam das Markt desselben ist, um ihn herum befinden sich die Jahre, um diese der Splint, und endlich die Rinde.

Kernästig, heißt, wann aus einem Stamm starke Aeste aus dem Kern gehen, dahero unspaltig ist, und nicht zu Brettern tauget.

Kernschählig, sagt man von Bäumen, wann die Jahre vom Kern durch den Wind ab oder loßgeschoben worden, und dahero zwischen dem Kern und Jahren schwarz und locker, und zum bauen untüchtig ist.

Kessel, siehe **Kolck.**

Kessel-Seel, Uberdeich, Schaddeich, ist wenn in einem Deich eine Bracke gegangen ist, welche wieder zugemacht wird. Dieses zu machen, aber geschiehet nicht in gerader Linie, sondern das neue Stück, wird in einem halben Circul gegen dem Wasser umdämmet, und dieses heisset **Kessel-Seel.**

Kettenwerck, ist eine Wasser-Maschine welche aus hölzernen Stangen, so Kämme haben, welche in die Stecken die in der Radwelle eingemacht sind greiffen. Oben hangen allezeit zwey Stangen an einer Kette, so um eine Rolle gehen, unten aber sind die eißerne Druckstangen, woran der Kolben befindlich, befestiget.

Keuren, Kojern, in der Deicher-Sprache heißt die Erde mit Schub oder Kojerkarren fortführen.

Kief-Dyck, heißt eine solche Deichflage um welche sich niemand annehmen will, oder welche einer dem andern zuschiebet. Kann in unserer Sprache Zanck oder Streit-Deich heißen.

Kief-Gatt, ist eine kleine Beschädigung am Deich, die immer ein Gränz-Nachbar dem andern zu schieben will. Heißen auch **Wrack-Dycke, Wrack-Gatten.**

Kieß, Grand, bestehet aus kleinen mit Sand vermengten harten Steinlein, so sich in theils Flüßen befinden. Es giebt aber auch gegrabenen Kieß, welchen man bey Anlegung und Ausbesserung derer Straßen gebraucht, der Fluß-Kieß ist aber besser.

Kießtruhe, ist eine aus starken Brettern und Latten gemachte Kiste, so mit Kieß ausgefüllet, und mit wechselsweis gegen einander liegenden boschichten oder rauhen Tannen, vermittelst starken Bast-Seilen umbunden, und ins Wasser gesenket wird. Sie dienet bey einem Einbruch in dem Ufer das Wasser abzuleiten, oder kann auch sonsten als ein Senckwerck in tiefe Wasser-Löcher zur Ausfüllung gebraucht werden.

Kistdamm, ist ein Damm so aus Querrelhen von Pfählen bestehet, welche Fächer oder Kisten machen, um die Erde, nach und nach darein zu füllen, und einzuschließen, und selbige gegen das Abschießen und Abgleiten zu verwahren.

Kitt, siehe **Cement.**

Klammerzangen, Greinern, Zwingen, Zangen, sind Baumstücke, so bey Strudel, Zwingen und andern Wasser-Gebäuden gebraucht werden.

Klappen-Ventil, es bestehet aus zweyen kupfernen oder metallenen Platten, zwischen welche ein Leder eingeschraubet wird. Durch die Mitte der beyden Scheiben oder Klappen gehet eine Schraube, an welche eine runde Schraubenmutter angeschraubet ist. Die lederne Scheibe hat einen Schweiff, so die Stelle eines Gewindes vertritt, und zwischen die Lappen der Stiefel auf gewöhnliche Art eingeschraubet ist. Oder man macht eine etwas starke metallene Platte, so ein Gewind hat, welches auf die Ventilhülse befestiget ist; die Klappe muß grösser seyn als die Hülse.

Kleybalcken, siehe **Querbalcken**.

Kleysporen, sind Eisen mit 4. Zancken, so an die Schuhe gebunden werden, und denen Arbeitern dienen, auf denen Brettern festern Fuß zu haben.

Klick, ist ein kleines halbrundes Stückgen Holz, 4. bis 5. Zoll lang und drey Zoll dick, und an der platten Seite ausgehohlet. Hat zwey Löcher durch welches derselbe oberhalb des Eschers oder Spade oder Schaufelblatts, an den Stiel gebunden wird, damit der Arbeiter beym Spitten oder Stechen scharf nachtretten kann.

Klincket, Schützel, ist die kleine Oeffnung, so man in einer Schleußen-Thüre zur zu und Ablassung des Wassers machet.

Klinckhacke, Auswurfhacke, Auslößhacken, ist ein als wie ein lateinisches S gebognes Stück Eisen, welches in das Oehr des Schlägels bey einem Schlagwerck eingehänget und an ein

Seil

Seil gebunden, und wann der Schlägel hoch genug aufgezogen, ausgelöset wird. Dahero man ihn auch den Auslößhacken heißet.

Klozwagen, Schlitten, Sägewagen, wird bey Säg- oder Schneid-Mühlen diejenige Holzverbindung genennet, worauf der Kloz welcher zu Brettern geschnitten werden soll, lieget, und durch Hülfe des Schieb-Rades und daran befestigtem Kumpf, welcher in die gezahnte Hölzer des Sagwagens eingreiffet, der Säge zu geschoben wird.

Kluftdämme, sind Stücke Erde, so man bey Grabung eines Kanals alle 50. bis 100. Schuh stehen läßt, um zu verhüten, daß das Quelwasser nicht den ganzen Kanal unter Wasser setze.

Kluttpfähle, siehe Pfahlbohle.

Knie, Kropf, Gurgel, wird das kleine Stück Rohr, welches unten an dem Stiefel angegoßen, genennet, auf welches hernach die Kropfröhren mit ihren Ventilen aufgeschraubet werden.

Kolben, dieser giebt es zweyerley Arten, die eine wird bey Saugwercken, die andere aber bey Druckwercken gebraucht. Beyde bestehen aus einem cylindrischen Stück, so an einer Stange, welche man die Druck oder Kolben-Stange heißt, befestiget, und in den Stiefel- oder Kolben-Röhre auf und nieder gehet. Bey den Saugwerck ist er hohl und hat ein Ventil, bey dem ruckwerck aber ist er masiv, und aus Metall ob. Kupferpfer, und runden Scheiben von Pfund-leder zusammen gesetzet.

Kolben-Hub, Kolben-Zug, heißt man diejenige Höhe, auf welche der Kolben durch Waagbalcken oder Kurbelen gezogen oder gehoben wird z. E. 3. Fuß hoch).

Kolbenröhre, siehe **Stiefel.**

Kolbenstange, Druckstange, ist diejenige eiserne Stange, woran der Kolben befestiget ist, und entweder an einem hölzernen oder eisernen Wagbalcken oder Armstange, oder an einer Kurbel hanget.

Kolck, Wehle, ist ein durch einen Einbruch oder starken Wasserfall entstandener Grundbruch oder tiefes Loch so man auch einen Keßel nennt.

Kojeren, siehe **Reuren.**

Kojer-Karren siehe **Reuren.**

Korb siehe **Rumpf.**

Korbwerck, Korbschlachten, bestehen aus kleinen in einem halben Circul gemachten Körben, deren Durchschnitt oder ofner Theil ans Ufer schließet.

Kranz, siehe **Kappe.**

Kranzpfähle, sind ein Haufen unten schräg ausgeschlagener und oben mit denen Köpfen an einander stehender, mit einer umgeschlagenen Kette zusammen gekuppelter Pfähle von 3. 4. bis 6. Stücken, nachdem der Eisgang starck ist.

Krecken, Crecken, sind kreuzweiß gezogene Gräben, in welche man an See-Plätzen, daß

D   Meer-

Meer-Wasser bey der Fluth ein läßt, und mit dem Festungs-Graben Communication haben. Man kann sie auch bey andern Plätzen die durch Hülfe der Schleußen unter Wasser gesetzet werden können, gebrauchen.

Kreuzband, siehe Creuzband.

Krippe, siehe Umdämung.

Krippenwehr, bestehet aus zwey Reihen Pfähle so Falzen haben, zwischen welche Bohlen eingeschoben und mit Riegelen oder Anker verbunden, zu letzt aber mit Steinen, Kieß, oder Bauschutt ausgefüllet werden.

Kronholz, siehe Brückenjoch.

Kronrad, siehe Stirnrad.

Kropf, siehe Knie.

Kropf, wird der untere Theil des Wasser-Abfalls bey denen Wasser-Rädern genannt, und lauft mit dem Umkreiß des Rades nach einem Circulstück, und wird aus einer ins gevierte gehauenen Eiche ausgearbeitet, in diesen Kropf ist der Schutz- oder Gefäll-Laden eingelassen.

Kropfröhre, ist dasjenige Rohr, so auf den Kropf oder Gurgel eines Stiefels aufgeschraubet, wo bey der Vereinigung dieser zwey Röhren ein Ventil angebracht ist. Diese Röhre wird alsdann mit der Steig- oder Aufsatzröhre durch Lappen vereiniget. Wann unter der Steigröhre mehrere Kropfröhren zusammen kommen, heißt man sie Gabelröhren.

Kropfschaufel, Riegelschaufel, ist ein kleines Zwerchbrett, bey einem Oberschlächtigem

Rade, so mit der Stoßschaufel gegen einander strebet.

Kropfschwelle, wird diejenige Schwelle genennet, so unter dem Thellungs-Punkt des Kropfes zu liegen kommt.

Kugel-Ventil, bestehet aus einer Kugel, welche während Zeit als der Kolben sauget, in eine Hülse zurück fällt.

Kuhle, siehe Braacke.

Kumme siehe Pfanne.

Kumpff, siehe Trilling.

Kunstwerck, wird eine Wasser-Kunst-Maschine genennt, sie mag ein Druck- oder Saugwerk seyn.

Kurbel, ist eine aus starkem Eisen geschmiedete und gekrümmte Stange, so wie es das Profil oder besser zu sagen das Grundbrett, weißet. Sie ist einfach, doppelt, drey und vierfach, in Augsburg ist auch eine fünffache zu finden. Die gekrümmte Stücke heißet man Kurbel-Arme, die runde Stücke zwischen zweyen Kurbel-Armen aber heißen die Kurbel-Wellen, und an diese werden die Druckstangen aufgehangen, die zwey äußerste Wellen heißt man den hintern und vordern Tragzapfen, welche auch etwas stärker als die andere Kurbel-Wellen sind, an dem hintern ist das Schaufelblatt, mit seinem Herz, so in die Radwelle mit Ringen und Bolzen befestiget ist, angeschmiedet.

Kurbelholz, bestehet aus dem untern und obern Theil. Beyde sind in der Mitte nach einem

nem halben Circul ausgearbeitet, damit die Kurbel-Welle ihre Spiehlung darinnen haben kan. Durch das untere und obere Kurbelholz, gehen, in Gestalt einer Gabel an die Kolben oder Druckstange angeschmiedete Gabel-Eisen, woran Schrauben geschnitten, so durch Schrauben-Müttern auf dem obern Kurbel-Holz, so eine eiserne Platte zum Unterlager hat, zusammen gezogen werden. Das beste Holz zu denen Kurbelhölzer ist das vom Apfelbaum.

L.

Laden, siehe Bohle.

Lagerbalcken, Lagerholz, Lange-Lager-Hölzer, sind diejenige vierkantig gehauene Hölzer, so bey dem Rost einer Schleuße, Wasserwehres u. d. g. nach der Länge geleget werden.

Lagerbäumme, siehe Brücken-Balcken.

Lappen, heißt man den eingebogenen Rand an denen Wasser-Röhren, in welchen vier Löcher sind, wordurch die Schrauben gehen, und durch diese und denen Schrauben-Muttern, zwey Röhren mit einander verbunden oder vereiniget werden.

Lauf, ist der innere hohle Theil eines Stiefels oder andern Wasser-Röhre, oder auch eines Deichels.

Laufer, also wird der obere Mühlstein genannt, welcher auf dem untern oder Bodenstein ver-

vermög des Mühleisens herum lauft, und das Getreide zermalmet und schrotet.

Lauflatten, Prietten, Rammenständer, sind die zwey lothrecht stehende Ständer, an welchen der Schlägel bey einem Schlagwerk herunter lauft, und an denselben auch in die Höhe gezogen wird.

Lauft, siehe Zarge.

Launen, wird bey Mahlmühlen der obere Balcken so über die Docken des Mühlgerüstes liegen genennet.

Leere-Gasse, siehe Freygerinne.

Legden, sind starke längs eines Sieles oder einer Schleuße, unten auf dem Grund-Balcken eingelassene Hölzer, worinnen oben die Löcher gemacht werden, darinnen die Schleußen-Stender mit ihren Zapfen zu stehen kommen.

Legerwall, wird in denen Marschländern, das Ufer genennet, worauf Wind und Wellen anstehen.

Lehrbogen, siehe Bogengerüst.

Lehrgerüst, siehe Bogengerüst.

Lehrwände, sind die aus Pfählen und Platt-Stücken hinter denen zwey äußersten Grießsäulen an beyden Ufern gemachte Wände. Die Pfähle werden von innen und außen mit Bohlen (Pfosten) beschlagen, und mit Lettig oder Thon ausgerammelt.

Leimen, siehe Dwo.

Lencker, ist eine hölzerne Stange so unten an dem Säggatter angemachet ist, das Gatter und die Säge auf- und nieder ziehet.

Leiter, siehe Rumpfleiter.

Letten, siehe Thon.

Liecken, Vergleichen, heißt die Böschung oder Abdachung eines Deiches nach der Schnur eben machen, daß sie weder erhoben, oder hohl seyn.

Lieck-Soden, in der Deicher-Sprache, sind die Rasen, womit der Rand eines Deiches eben gemacht wird.

Lohe-Mühle, ist eine Stampff-Mühle, wo die Lohgerber die Rinden, von Tannen und Eichen zu ihrem Gebrauch klein stoßen lassen.

Loote, ist eine in einem scharffen Winkel an eine Stange befestigte, breite, hohle, hölzerne mit Eisen beschlagene Schauffel, womit der Modder oder Schlamm, aus denen Kanälen und Bächen herausgezogen wird.

Lückung, Gleichung, Schwöppung, Södung, Sahlung, ist die Setz- oder Gleichmachung der Deiche.

Lufthane, Dieser Hahnen wird dessentwegen also benahmset, weilen durch dessen Eröfnung, die mit dem Wasser eingedrungene Luft ausgelassen werden kann, auch sind sie nützlich wann in großer Kälte und abnehmendem Wasser, ein Werck oder gar die ganze Leitung in Gefahr stehet, einzufrieren; so eröfnet man diesen Lufthanen, und läßt das Wasser aus, damit in dem Abfall-
rohr

rohr wie auch in der Leitung kein Wasser stehen bleibe, und eingefriere, ansonsten die Röhre und Deichel zerspringen würden.

M.

Mahlgang, Gang, bestehet aus dem Wasser-Rad, Kammrad, Trilling und übrigem Zugehör.

Mahlpfahl, Sicherpfahl, Eichpfahl, Mühl-Pfahl, ist ein vor dem Fachbaum bey Mühlen mit der grösten Gewalt eingetriebener Pfahl, und dienet zur Richtschnur des Fachbaumes, damit dieser nicht höher als des Mahlpfahls Wasserpas Stand mit sich bringet, geleget werde, und denen obern Müllern durch Stauung des Wassers kein Schaden geschehen möge. Doch ist in denen Rechten erlaubet den Fachbaum um einen Zoll höher als der Mahl oder Sicherpfahl ist, zu legen, welchen Zoll man den Zehr oder Erbzoll nennet, weilen das Wasser nach und nach wohl einen Zoll vom Fachbaum abzehren kann.

Marschland, ist dasjenige Land, so an dem Ocean oder Ausfluß der Flüße in die See und also am niedrigsten lieget, und aus einem mit Schlamm (Schlick) oder Sand vermengtem feinem Erdreich, so das Wasser dahin geführet, bestehet.

Mauerverband, heißt bey denen Deichen die Raßen (Soden) so anschlagen, daß niemals von oben herunter eine Fuge auf die andere treffe.

Mechanick, ist diejenige Wissenschaft, so die Gründe erkläret, wornach mit Vortheil eine Bewegung hervor gebracht werden kann.

Mehlbaum, ist an der Seite der Zarge oder des Laufts, gegen dem Beutel-Kasten angebracht, und in demselben ist das **Mehlloch**, wodurch das geschrottene Getreid in den Beutel laufet.

Mehlbeutel, bestehet aus dem obern und untern Ring, um welche ein Beutel von Canevas genähet ist.

Mehlloch, siehe **Mehlbaum.**

Mehl-Kasten-Loch, ist ein Loch im Beutel-Kasten, damit man das Mehl heraus nehmen kann.

Meyfeld, ist der flache Grund und Boden, darauf ein Werk oder Deich erbauet und angeleget, oder nach welchen die Größe, Tiefe und Höhe eines Werckes bestimmet wird.

Moor, siehe **Morast.**

Moos, siehe **Morast.**

Moos, von Bäummen, wird zum verstopfen der Fugen zwischen zweien Brettern bey einem Schleußenboden, oder anderswo gebraucht, um dem Durchdringen des Wassers zu verwahren.

Morast, Moor, Moos, ist ein sumpfigtes morastiges mit Wasser vermengtes Erdreich, welches zwar dem Ansehen nach, eine feste Oberfläche hat, aber durchaus auf viele Fuß tief, locker, schwammigt und voller Wasser, und dahero

hero ganz unzugänglich oder doch schwer zu betretten ist.

Mörser, siehe Grube.

Mudder-Hamme, ist ein eiserner platter Ring, so mit einem Netz von Eisen-Drath versehen und an einen Stiel befestiget ist. Es dienet derselbe bey weichem Grund und Kieß, wann etwas zu räumen ist.

Mühle, ist eine Maschine zu verschiedenen Gebrauch, und dahero von unterschiedlicher Einrichtung. Dann es giebt Mahl, Oel, Papier, Gräs, Gewürz, Pulver, Säg, Walck, Loh u. d. g. Mühlen. Theils werden durch Wasser, theils durch den Wind, theils aber durch Menschen und Thiere in Bewegung gebracht.

Mühleisen, Mühlstange, Angel, ist eine eiserne Stange, so durch den Trilling oder Dreyling gehet, und unten etwas zu gespitzet ist, welcher Spitz in einem Pfäulein, so in dem Steeg angebracht, herum lauft, oben ist sie wie eine Pyramide abgestumpft, wo sich der Dexel oder die Haue befindet, so in den Laufer eingreifet, und ihn in Bewegung bringet.

Mühlenbaukunst, ist eine Wissenschaft welche lehret, nach den Gründen der Mechanick, und der Wasserbaukunst, allerley Arten von Mühlen zu erbauen und anzugeben.

Mühlgang, siehe Mahlgang.
Mühlgerüst, siehe Steig.
Mühlpfahl, siehe Mahlpfahl.

Muschel-Ventil, bestehet aus der Ventil-Muschel, und aus der Hülse welche zwischen die Lappen des Stiefels eingeschraubet ist. Die Muschel hat einen Stift, so in dem sogenannten Steeg auf=und nieder spiehlet.

N.

Nachsatz, ist die Menge des zu fließenden Wassers, welchen die hintere Höhe des Falles unterhält.

Nadlen, Querlager-Hölzer, sind die untern Balcken, so zwerch über einen Schleußen-boden oder Siel geleget werden; so daß dieselbe gerade, über denen unter diesem Boden gelegten Kley=Balcken eintreffen, und auf diese mit Kämmen oder starken Bolzen, auch zähen starcken hölzernen Nägelen befestiget werden. Nadlen heißt man auch die Schwingen, so man durch den Rost bey dem Mühlen=Wasserbau schlägt.

Naturlehre, in dieser muß ein Wasserbaumeister nicht unbewandert seyn, wenn er die Eigenschaften derer Prall= und Stoßwinkel, wie auch der Materialien, und vielerley Wirkungen des Wassers gehörig beurtheilen will.

Nieder oder unterschlächtiges Wasser-Rad, ist wann die Wasser=Rinne mit dem Kropf unter dem Rad hergeht, und das Rad bey nahe bis auf den Boden derselben reichet, damit kein Wasser verlohren gehe. Dieses Rad hat
offne

offne Schauflen, doch kann man sie auch bey gar zu wenigem Wasser bödeln.

Niedrigste-Wasser, siehe Hohlwasser.

Nivelieren siehe Wasserwägen.

Nothdeich, siehe Fluthdeich.

Nuet, Falz, Spuhr, ist auf der Kante einer Diele, Bohle oder Spundpfahles eine Rinne, in welche der Spund oder die Feder einer benachbarten Diele, oder Spundpfahls passet.

O.

Oberschlächtiges-Rad, ist wann die Rinne durch welche das Wasser zu lauft ober dem Rad stehet, und solches auf das Rad ergießet. Heißen auch Trog, oder Bottichräder.

Oberlager, siehe Steeg.

Oberwall, nennet man diejenige Gegenden, wovon der Wind abstehet, und das Wasser weg treibet.

Oefnungen, am Gerinne, richten sich nach der Menge des Wassers, wann der Wasserstand willkührlich ist; haben sie aber nach denen Mühl-Ordnungen ihr gesetztes Maas, so muß man bey diesem bleiben.

P.

Packwerke, heißen alle Wassergebäude, so aus Faschinen, Pfählen, Würsten und Flechten oder Zäunen bestehen. Auch die Strudel und

Zwingen-Baue sind als Packwercke zu betrachten.

Panster-Mühle, heißt man diejenige Mühlen, deren Räder, nach dem großen und kleinen Wasser, durch Ketten, so um die Pansterwelle gehen, in die Höhe gewunden, bey kleinem Wasser aber niedergelassen werden können, damit sie allezeit vom Wasser des Stromes getroffen, berühret, und getrieben werden. Es sind diese Räder gemeiniglich noch so breit, als bey denen andern Mühlen, hingegen treiben sie auch zwey Mahlgänge.

Panster-Rad, Panster-Zeug, ist gemeiniglich noch so breit als bey andern Mühlen, und treibet meistens zwey Gänge. Es giebt **Stock-** und **Zieh-Panster.** Die Stock-Panster haben ihr festes Lager, die Zieh-Panster aber kann man nach der Höhe des Wassers richten.

Papier-Mühle, ist eine Mühle darinnen allerhand leinene Lumpen klein gehacket, zermalmet und im Wasser aufgelößt werden. Das Zerhacken geschiehet durch ein Hack-Messer, die Zermalmung aber entweder durch Hämmer oder durch den sogenannten Holländer, daß Auflößen im Wasser aber geschiehet in einem Wasser-Trog, durch einen Rechen so in demselben hin- und wieder gehet, oder durch einen sich umdrehenden Querl, oder auch durch eine hölzerne eingerichte Walze, welche die Lumpen auseinander arbeitet. Wann dieses geschehen, werden die Lumpen in eine mit laulichtem Leim-Wasser angefüllte Butte

Butte gethan mit denen Formen herausgeschöpfet, und zu Bögen Papier gemacht. Ferner hat man auch zur Reinigung der Lumpen reines Brunnen-Wasser nöthig, welches durch Plumpen so an dem Geschirr angebracht sind, in die nöthige Orte verpumpet wird.

Paternoster, oder **Püschelwerk,** kan auf verschiedene Art gemacht werden, und gebraucht man sie, wo man im trocknen arbeiten muß, zur Ausschöpfung der Grundwasser.

Pfaffen-Müze, ist eine Handramme so unten 10. Zoll ins gevierte dick, oben aber etwas dünner zu laufet, und 1½ Fuß hoch, mit zwey oder drey Handstiehlen versehen ist, welche 7. bis 8. Fuß länge haben. Damit werden 12. bis 14. Fuß lange Pfähle eingetrieben. Wann aber die Pfähle über dem Busch bis auf 7. oder 8. Fuß niedergestoßen, so muß man schwerere Pfaffen-Müzen haben, wo der Block 1 Fuß in Kanten und 1½ Fuß Höhe hat, die Handstiehle aber nur 4. Fuß lang sind.

Pfahlbohle, Kluttenpfahl, ist eine starke Bohle, welche entweder unten zu gespitzet, oder nach einem Circulstück abgerundet und bey hartem Boden mit Eisen beschlagen wird. Man schlägt sie zwischen Falz-Pfähle, und dienen zu einer Umdämmung oder Brust.

Pfähle, sind entweder eichene, fichtene, forrene, erlene, je, nachdem man sie brauchet. Es sind derselben verschiedener Arten; als Jochpfähle, le, Rammpfähle, Vorpfähle, Verwahrungs- oder Spundpfähle, Grund- und Falzpfähle.

Pfändung, bedeutet beym Deichweßen, die executorische Eintreibung der Straf und Bruch-Gelder.

Pfanne, Kumme, Schüßel, wird aus Eißen- oder Metal verfertiget, und in den Pfannen-Balken eingelassen. In derselben laust der Zapfen einer Schlaußen oder Siel-Thüre.

Pfannen-Balcken, sind bey denen Schleußen oder Sielen diejenige starke Balken, darinnen die eiserne oder metallene Pfannen eingelassen werden.

Pflug, ist bey denen Deichern diejenige Mannschaft, so in einem Püttwerck arbeiten, und gemeiniglich aus 9. Arbeitern bestehet.

Pfosten, siehe Bohle.
Plattstück, siehe Blattstück.
Platte, siehe Astrack.
Platte, siehe Sandbanck.

Plompe, Gumper, ist eine bekannte Wasser-Maschine, durch deren Hülfe man Wasser aus der Tiefe in die Höhe bringen kann. Es bestehet eine solche Pumpe meistentheils aus hölzernen Deichelröhren, welche unten im Wasser stehen, und wann eine nicht erklecklich, so werden mehrere auf einander gesetzet. Nahe über dem Wasser ist ein Ventil angebracht, durch welches das Wasser herauf steiget, wann es sich öfnet, und sich wieder schließet wann der Kolben drücket. Dieser Kolben so auch ein Ventil hat, ist

an

an der Kolbenstange oder Gumper-Geleite, befestiget, welche durch einen Schwengel in Bewegung gebracht wird.

Plompenstange, siehe Plompe.

Pögelung, siehe Durchschnitt.

Prallwinkel, ist derjenige Winkel in welchem ein Körper zurück prallet.

Prietten, siehe Lauflatten.

Pulver-Mühle, diese bestehet aus dem Wasser-Rad, an welchem ein Stirn-Rad, so in einen Kumpf an der Daummen-Welle, eingreift, und aus denen Stampfen an welchen Hebclatten befestiget sind. Diese Stampfen sagen auf die Grube im Grubenstock zu, worein gemeiniglich zwey Stampfen wercken, sie werden von denen Daumen in die Höhe gehoben. Man kan auch an die Rad-Welle das Fäßlein worinnen das Pulver polieret wird anhängen.

Pumpe, ist ein kleiner Sichter in einem Hauptdeich, wo vor, statt einer Thüre eine Klappe zu seyn pfleget, heißt auch ein Pump oder Klappsiehl.

Pülschelwerck, siehe Paternosterwerck.

Pütten, ein gewisses Maaß oder Menge Erdreichs, wornach die Arbeit bey Deichen gelohnet wird, und 1600. Cubic-Schuh beträgt. Wann die Arbeiter eine Quadrat-Ruthe von 20. Fuß lang und breit, 4. Fuß tief, ausgegraben haben, so ist solches eine Pütte.

Q.

Querbalcken, Querlager-Holz, siehe Nadlen.

R.

Radarme, gehen durch die Wellen oder Grindel hindurch, und zwar in einer solchen Länge, nachdem es die Höhe des Rades erfordert.

Radfelgen, Reiff, Cranz, heißt man die runde Stücke von eichen Holz, so den Umkreiß des Rades machen, und in die Radarme eingezäpfet, auch wohl mit eisernen Klammern und Bändern verwahret sind, und auf welche die Schaufeln zu stehen kommen.

Radstube, wird dasjenige Behältniß genennt, so aus einem Ständerwerk und Rieglen bestehet, von außen mit Brettern verwahret, oben aber quer über Balcken liegen hat, damit man die Radstube zu Winters Zeit mit Brettern bedecken, und auf dieselbe s. v. Mist legen kan.

Radstuhl, ist dasjenige Gerüst, welches aus Schwellhölzern, Stuhlsäulen, Riegelen, Jochholz, Anwellblock und Anwelle oder Unterlager bestehet, wo der Radzapfen sein Auflager hat.

Räusche, ist derjenige Fall, so einem Mühl-Graben, oberhalb der Mühle zum Zufluß, und unter derselben zum Abfluß gegeben wird.

Rahmholz, Schluttholz, ist ein vierkantigtes Holz, so mit Einschnitten versehen, und

bey

bey Stender-Sielen, über die obere Balcken zu beßerer Zusammenhaltung angebracht wird.

Raißerbäume, sind die vordere, mittlere und hintere Bäume, sowohl über denen Brückhölzern, als auch denen Faschinen, bey einem Strudelbau.

Ramme, siehe Schlagwerck.

Rammenständer, siehe Lauflatte.

Randpfähle, sind diejenige Pfähle, so vor einem Strudel oder andern Wasserbau geschlagen werden, damit selbiger nicht gegen dem Wasser überkippen kan.

Raßen, Waßen, Soden, werden auf denen Wiesen oder Vieh-Weiden, die mit vielen Kräutern bewachsen, gestochen. Ihre Länge ist 12. bis 15. Zoll, die Breite von 6. bis 7. Zoll, und die Dicke von 4. Zoll. Man kan sie aber auch ins gevierte stechen.

Rechenkunst, ist eine Wissenschaft, aus einigen gegebenen Zahlen, andere zu finden, von denen eine Eigenschaft in Ansehung der gegebenen Zahlen bekannt gemacht wird.

Reibung, siehe Friction.

Reif, siehe Radfelge.

Reihe, wann man Spund oder andere Pfähle nach einander an einer Schnur schlägt, sagt man eine Reihe Spund-Pfähle, oder von andern Pfählen eine Reihe, Pfähle.

Riechholz, siehe Blattstück.

Riegel, Riegelhölzer, sind gezimmerte Hölzer, welche zum Verband einer Arche oder Kasten

Kasten u. d. g. dienen, sie werden in die Wand, Hölzer mit Schwalben-Schwanz förmigen Blättern eingelaßen, doch aber auch durch andere Einschnitte oder Kämme bey Gelegenheit mit anderm Holzwerk verbunden.

Riegel-Schaufel, siehe **Kropfschaufel.**

Riegewand, siehe **Brust.**

Riemen, sind lange waagrecht oder überzwerch an die Köpfe der Pfähle, befestigte Hölzer. Man heißt sie auch theils Orten **Wasser-Leisten.**

Rigole, Rinne, ist ein kleiner Graben um entweder das Wasser ab- oder zu zuleiten, wie bey der Zu- und Abwäßerung geschiehet. Sie werden in zweyerley Gattungen getheilet. Einige werden Haupt-Rinnen genannt, und sind deren viere, die andern, deren sechsse sind, heißen schlechtweg Rinnen. Die vier Haupt-Rinnen sind, 1) der Anführungs- oder Anleitungs-Kanal. 2) Der Einführungs-Kanal. 3) Der Ableitungs-Kanal, und 4) der Abhaltungs-Kanal. Die sechs andere oder einfache Rinnen sind a) die Rinne der Wässerung. b) Die Ausladungs-Rinne. c) Die Ruhe-Rinne. d) Die Wiedereinnehmungs- oder Sammlungs-Rinne. e) Die Abzugs und f) die Abtrockungs-Rinne.

Rinne, siehe **Rigole.**

Rinnsaal, siehe **Fahrwasser.**

Röhr-Kasten, ist ein grosses Wasserbehältniß, worein sich ein Röhrwasser ergießet, und
öfters

Röhren,

öfters einen schön und wohl gebildeten Aufsatz hat; als z. E. eine Säule mit Statuen, allerley sitzenden Bildern auf dem Rand des Kastens, u. d. g. Ein solcher Röhrkasten oder Springbrunnen, wird gemeiniglich auf öffentlichen Marktplätzen, zur Zierde einer Stadt erbauet. Es giebt aber auch schlechtere, so nur aus einer hölzernen Säule bestehen, aus welcher sich das Wasser in einen hölzernen Kasten ergießet, welche zum täglichen Gebrauch derer Inwohner dienen.

Röhren-Leitung, ist eine Reihe aneinander liegender Röhren, um das Wasser von einem Ort zum andern zu leiten, und wird dieselbe nach dem Durchmesser der Röhren benahmset. Daher sagt man eine Röhrleitung von Eisen oder Bley, auf soviel Klaftern lang, von 6:8,12. Zoll. Die eiserne Röhren werden gegossen, haben eine Länge von 3. Fuß, und haben an beyden Enden Lappen durch welche Löcher gemacht sind, in welche Schrauben kommen, so mit Schrauben-Müttern zusammen gezogen, und mit Kitt verwahret werden. Die bleyerne Röhre werden theils gegoßen, theils zusammen gelöthet. Was die thönerne Leitungs Röhren betrift, werden solche heute zu Tage nicht mehr gebraucht. Hingegen bedient man sich der hölzern Deichel-Röhren, so aus eichen, ulmen oder meistens Forrenholz gemacht werden am meisten. Will oder kan man die Kosten daran wenden, so werden solche Leitungs Röhren auch aus Metall gemachet. Alle aber müßen so tief in die Erde geleget werden,

den, daß ihnen weder der Frost, noch die darüber fahrende schwehre Fuhren, Schaden zu fügen können.

Roll-Brücke, wird bey Schiffreichen Flüssen, so der Stauhung wegen einen Damm oder Wehr haben, diejenige Maschine genennet, so schief geneigte Flächen hat, die mit Walzen versehen sind, damit die Fahrzeuge durch Hülfe derer Winden von einem Wasserstand zum andern über den Damm gebracht werden können.

Rost, ist ein aus langen und Querlager-Hölzern verfertigter Verband, so bey Schleußen, Mühlen und Brücken Pfeilern gebraucht wird.

Rostwerck, heißt man auch die eingerammte Pfähle in einem Kanal oder Durchbruch, die nicht dichte aneinander schließen, sondern einen behörigen Zwischen-Raum lassen.

Ruder, siehe Fahrwasser.

Ruhe-Punct, ist in der Mechanick derjenige Ort, auf welchem der Körper lieget.

Ruheständer, siehe Zapfenständer.

Rumpff, Goße, Korb, Käw, Kahr, Aufschütt-Trichter, Hotschen, ist ein Trichterförmiges von Brettern zusammen gesetztes Gefäß, so über dem Laufer oder obern Mühlstein hanget, und in welchem das Getreid aufgeschüttet wird.

Rumpf-Leiter, an dieser hanget der Schuh bey Mahlmühlen, welcher vermittelst einer Winde, nachdem viel oder wenig Getreide einlaufen soll, hoch oder niedrig gerichtet werden kann.

Rungen, siehe Spitzbolten.
Rüstbock, siehe Bock.
Ryhnschlott, ist derjenige Graben, so den Deich von dem Land absondert.

S.

Sägegatter, Weisse, ist eine Verbindung, so aus zweyen Steigschenkeln, welche oben zwey Zwerchriegel hat, davon der obere mit denen Steiglatten durch Loch und Zapfen verbunden, der zweyte Riegel aber, so auf die Säge trift, steiget in einem Falz, höchstens auf einen Schuh Höhe auf und ab. Zu unterst des Säge-Gatters, wird noch ein Zwerch-Riegel befestiget, an welchen und an den obern beweglichen, das Säge-Blatt angemachet ist.

Sägewagen, siehe Klozwagen.

Sahlung, siehe Lückung.

Sandbanck, Platte, ist ein aus Kieß und Sand oder Schlamm, an denen Ufern, oder auch in der Mitte eines Stromes, entstandener An- oder Aufwurf, welcher durch große Fluthen entstehet, aber auch durch solche meistens wiederum hinweggeführet, und anders wohin versetzet wird.

Sandstracken, siehe Grundlager-Hölzer.

Saug-Röhre, Ansteck-Kiel, ist diejenige Röhre, welche in das Wasser mit ihrem untern Theil hinein reichet, und daßelbe sauget, wann der Kolben in dem Stiefel oder Kolbenröhre steiget. Damit durch diese Röhre kein Unrath mit dem Wasser hinein kommen kann; so wird der Theil welcher im Wasser stehet mit einer Kugel so Löchlein hat, oder mit einem geraden Selber-Blech versehen.

Saugwerck, siehe Plompe.

Schacht, ist der vierte Theil einer Pütte, so 20. Fuß lang, 5. Fuß breit, und 4. Fuß tief ist, folglichen 400. Cubic Fuß am körperlichen Inhalt beträgt.

Schad-Deich, siehe Keßel-Seel.

Schalwerck, siehe Brust.

Scharren, siehe Strebe.

Scharrpfähle, siehe Strebpfähle.

Schauflen, sind dünne Bretter, welche auf dem Umkreiß eines Wasser-Rades, entweder an Stielen feste gemachet, oder in die Radfelgen eingeschoben sind. Auf diese fället das Wasser, und bringt das Rad in Bewegung.

Schauffel-Blatt, ist ein Stück-Eisen, welches an dem Ort wo der Tragzapfen, schmahl, hinten aber breit ist. Es wird solches in die Wellen-Hälse hineingetrieben und mit eisernen Reiffen und Bolzen verwahret.

Schaufel-Kunst, siehe Schaufelwerck.

Schaufelwerck, ist ein aus Brettern vierekigt zusammen gesetzter Kanal, durch welchen Bretterchen gehen, die genau in diesen Kanal paßen, und an einer Kette oder Gelenken ohne Ende befestiget sind, und vermittelst sechs ärm-
mi-

miger Haspeln gezogen werden; wodurch das zwischen denen viereckigten Brettern unten in dem Kanal eintrettende Wasser, in die Höhe geschleppet wird. Diese Maschinen werden bey Grundbauen, und Schleußen, zu Ausschöpfung der Wasser gebrauchet.

Schieden, ein auf der Schneid- oder Sägemühle geschnittenes Holz, so 5. Fuß lang, 2 ½ und 6 Zoll in Kanten hat. Man gebraucht sie bey Schlengenwerck, durch die Hauptpfähle nahe am Kopf in die durchlochte Löcher zu stecken, um die Faschinen oder den Busch nieder zu halten. Man kan sich deren auch bey dem Zwingen-Bau bedienen, da sie aber nicht länger seyn dörfen, als die zwey Zwingen oder Klammer-Zangen von einander sind.

Scheurung, siehe Friction.

Schiebrad, wird dasjenige gezahnte Rad bey Schneid oder Sägmühlen genennet, woran ein kleiner Knopf ist, welche in die Zähne des Sägewagens oder Schlitten eingreift, und denselben zu der Säge ziehet. Das Schieben geschiehet durch die Schiebstangen, welche durch den Sägegatter in Bewegung gebracht wird.

Schiebstange, siehe Schiebrad.

Schiebwerck, siehe Feldgestäng.

Schine, Halseisen, Bügel, Band, wird oben an denen Stiefelen oder Kolbenröhren, umleget, und mit Schrauben an das Werkholz befestiget.

Schild, siehe Deckel.

Schild, wird die Wand genennet, womit eine Arche oder Strudel-Bau von der Seite beschlossen wird.

Sielachten, siehe Schlengen.

Schläge, sind ins Wasser gehängte Bäume, um dasselbe vom Ufer abzuweisen. Man nimmt darzu entweder recht boschigte Tannen, (rauch Holz) oder Weidenbäumme. Zu Zeit eines Einbruchs bey großen Wasser-Fluthen schaffen sie großen Nutzen, wie ich solches in vergangenem Jahre am Lechstrom erfahren habe. Weilen aber nöthig ist, wann man den wahren Nutzen haben will, muß man vorne gebrannte Steine welche Löcher haben, um kleine Last-Seile durchziehen zu können, an die Köpfe der Bäume anbinden, damit sie sich recht auf den Boden setzen können. Sie werden am Stamm Ende durchlochet, und entweder ein Pfahl in das Ufer durchgeschlagen, oder man schlaget Pfähle von weiten ins Ufer, und ziehet durch das Loch starke Bastseile, und bindet sie an die Pfähle feste, welche letztere Art beßer als die erstere ist.

Slägel, Baer, Hoje, Wolff, Katze, Bock, ist ein hölzerner eichener Block, so unten und oben mit eisernen Reiffen beschlagen, oder er ist von gegoßenen Eisen, und sind beede mit Zapfen versehen, wordurch Schließen gehen, damit der Schlegel zwischen denen zwey Lauflatten eines Schlagwerkes, gerade aufgezogen und herunter laufen kan.

Schlag-

Schlagbalcken, ist der oberste Balcken bey einer Stender-Schleuße oder Siel.

Schlagpfosten, Schlagfülle, Schwellholz, Drumpel, ist der untere starke Balcken in einem Siel oder Schleuße, vor welchem die Thüren anschlagen, und dahero auch theils Orten der Anschlag genennet wird.

Schlagstender, sind die Seitenständer bey dem Hauptjoch einer Stender-Schleuße.

Schlagwerck, Ramme, Rammaschine, ist dasjenige Gerüst, so aus Schwellhölzern, Lauflatten (Prietten) Bänder und Streben bestehet, zu oberst dieser Lauflatten ist eine Scheibe (Rolle) worüber das Seil gehet, daran der Schlägel oder Klinckhacke hanget. Wann das Seil an dem Oehr des Schlägels angebunden, so wird derselbe durch Menschen in die Höhe gezogen, ist dasselbe aber an den Klinckhacken befestiget, so wird der Schlägel durch Getriebwerk in die Höhe gewunden, und wann derselbe hoch genug aufgezogen, so ziehet man den Klinckhacken durch Hülfe eines kleinen Seils aus dem Oehr, des Schlägels aus, da er dann mit Gewalt auf den Kopf des Pfahles herunter fället, und denselben in den Boden eintreibet. Ein Schlag von letzterer Art hat vielmehrere Wirkung, als viele Schläge von der erstern Art.

Schlamm, Schlyck, ist ein mit feinem Sand vermengtes Erdreich.

Schleif-Mühle, ist eine Maschine entweder schneidende Sachen zu schärffen, oder optische Gläser

Schleimm- Schleiß

Gläser zu schleifen. Erste wird durch ein Wasser-Rad beweget, an dessen Welle ein Schleifstein befindlich, oder es ist ein Seiben-Rad an derselben, so mit einem umgeschlagenen Seil ohne Ende, andere Wellen woran Schleifsteine sind, in Bewegung bringen. Die Glaßschleifmühlen sind gemeiniglich nur Hand-Mühlen, doch giebt es auch zu Augsburg welche, so durchs Wasser getrieben werden.

Schleimm-Ruthen, sind lange gespaltene mit denen Enden zusammen gebundene Stäbe, in der Stärcke eines Reifs, deren sich die Kieser bedienen, woran an einem Ende Hanf gebunden ist. Man macht solche auch von biegsammen runden eisernen Stangen. Sie dienet den Schlamm und sonstigen Unrath in denen Leitungsröhren herauszubringen, und zu reinigen.

Schlengen, ist ein aus Busch, Würste (Waschen) Mittel und Grundpfählen quer eingebauter Wasserbau.

Schleuße, ist ein zwischen zwey Paar Thüren und Seiten-Wänden von Holz oder Steinen eingeschloßner Kanal. Was die Schleußen-Thüren betrift, so müssen solche nach einem stumpfen Winckel, wohl zusammen schließen, um das oberwärts stehende Wasser aufzuhalten und zu stauen. In kleinen Schleußen-Thüren, wird eine Oeffnung gemacht, so mit einem Schutz-Brett verschloßen wird, so man theils Orten den Schützel oder das Klincker heißet. Bey großen und breiten Schleußen aber wird in denen zwey Seiten-

Schleuſſe,

ten. Mauren ein Waſſerleitung, ſo mit Schutz-Brettern verſehen, angeleget, um die Schleußen-Kammer entweder voll Waſſer anzufüllen oder auszuleeren. Der Raum zwiſchen denen Thüren wird die **Baßinage, Deich** oder **Schleußen-Kammer** genennet. Der gebohlte Boden in dieſer Kammer heißt der **Schleußen-Boden.** Die zwey Seiten-Mauren, werden **Schleußen-Mauren,** die ſich vor denen Thüren aus breitende Mauren aber werden **Schleußen-Flügel** genannt. Was das Zimmerwerk einer Schleuße anbelanget, beſtehet ſolches wann der Grund ſchlecht, aus Grundpfählen, worauf ein Roſt oder nach Umſtände auch zweyen geleget werden, davon der obere einfach, beßer aber zweyfach mit Bohlen beleget wird. Auch muß man nicht vergeßen ſowohl ober als unter denen Schleußen-Thüren Spundpfähle zu ſchlagen, um dem unten durchbringen des Waſſers zu wehren.

Außer dieſen Schleußen, welche man gewöhnlich Fangſchleußen nennet, giebt es noch eine kleinere Art ſo bedecket ſind, und unter denen Dämmen (Deichen) durchgeführet werden, welche man Siele nennet. Sie werden entweder aus Stenderwerck oder auch aus Balcken gemachet, und mit gerad anſchlagenden oder in einem Winkel ſich ſtemmenden-Thüren verſchloßen, welche letztere man **Stemm-Thore** heißet. Die Thüre ſo außerhalb lieget heißt man in der Deicher-Sprache **Buther-Thüre,** die aber landeinwärts lieget

lieget Binner-Thüre. Die Sielen aus Stenderwerck, werden Stender-Siele die aber aus Balcken, Balcken-Siele genannt.

Schleußen-Boden, siehe Schleuße.

Schleußen-Fall, wird derjenige Ort genannt wo eine Schleuße höher als die andere lieget, und eine Thüre auf der Höhe, eine aber in der Niedere hat. Durch einen solchen Schleußen Fall, können die Fahrzeuge, so den Fluß wegen allzuheftiger Geschwindigkeit oder eines natürlichen Wasserfalles wegen nicht paßieren können, ganz bequem von dem hohen zu dem niedrigen, und so auch umgekehrt aus dem niedrigen auf den hohen Ort gebracht werden.

Schleußen-Fleeth, siehe Sieltief.

Schleußen-Flügel, siehe Schleuße.

Schleußen-Kammer, siehe Schleuße.

Schleußen-Thüren, siehe Schleuße.

Schlick, siehe Schlamm.

Schlick-Deich, nennet man alle diejenige Stellen bey Wasser-Deichen, besonders in Flüssen, welche kein Vorland haben, sondern worunter der Strom fast beständig bey Ebbe und Fluth längs am Flusse hinziehet. Man nennet aber auch diejenige Schlick-Deiche, welche zwar kein Vorland doch aber bey der Ebbe ein sandiges oder schlammiges (schlyckiges) Watt vor sich haben.

Schlickfänger, dieser Name wird gewißen kleinen Verhöhungen auf dem Außenlande (Buchen Dyck) gegeben, welche zu dem Ende angeleget

get werden, um Schlick oder Schlamm aufzufangen.

Schließen, Splint, sind in Gestalt eines Triangels platt geschmiedete Stücke Eisen, so durch das Loch eines Bolzen vorgestecket und unten umgebogen werden.

Schlund, heißt soviel als der Einlauf des Wassers in das Gefälle der Mühl Rinne.

Schutthölzer, siehe Rahmholz.

Schöpf-Räder, sind Wasser-Räder an welche Kästen, Eymer u. d. g. Gefäße angehänget sind, welche unten Wasser schöpfen, und wenn sie in die Höhe kommen, solches oben in eine Rinne oder Trog ausgießen.

Schöpfwerke, werden alle diejenige Wasser-Maschinen genennet, welche das Wasser an einem niedrigen Ort einnehmen und an einem höhern ausgießen. Es sind derselben verschiedene Arten, als die Hebeschüßel, Schauffel-Künste, Eymmer-Kasten-Püschel oder Paternoster-Wercke, und die archimedische Schraube und Schnecke.

Schölung, ist soviel als das Abspielen der Wellen.

Schoren, Scharren, sind schräg eingeschlagene Pfähle, zur Steiffung oder Strebung, des Holzwerkes, an denen Fuß Holzungen bey Deichen.

Schotten, siehe Schutzbretter.

Schraube, ist ein mechanisches Rüst-Zeug, welche man bey dem Bauen öfters gebrauchet, und bestehet aus einer Spindel, um welche scharfe Kanten nach einem geringen Abhang, oder Schräge neben einander herum gehen, und welche in die Schrauben-Mutter paßen müßen damit sie nicht zu gedrang noch zu loße gehen. Diese scharfe Kanten heißen die Schrauben-Gänge. Die Spindel wird aus Eisen oder Holz gemacht, und mit dem Schneid-Zeug die Schrauben-Gänge geschnitten. Die Bewegung der Schrauben-Mutter geschiehet, durch Handgriffe oder Schlüßel, welche man auch Schrauben-Zieher heißet. Ihr Gebrauch ist bey Wein und Oehl Preßen, wann die Schrauben groß sind, auch die Tuchscherer und Papiermacher bedienen sich derselben bey ihren Preßen, bey dem Bau aber werden sie gebraucht, wann man Häuser frisch unter schwellen will, dieselbe aufzuheben, oder alte Mauren einzuschrauben, worzu man zur Bewegung eiserne oder hölzerne Hebe-Bäume nöthig hat.

Schrauben-Gang, siehe Schraube.

Schrauben-Mutter, siehe Schraube.

Schraube ohne Ende, wird diejenige Schraube genennet, so von einem Stern-Rad getrieben wird.

Schrift, Theilungs-Riß, wird derjenige Circul-Riß genennet, auf welchem die Kämme und Triebstecken eingetheilet werden.

Schub-Karren, Rojer-Karren, ist aus Brettern zusammen gemachet, wovon die zwey Seiten-Bretter, vorne mit Löchern versehen, das

ein

Schuh, Schuz.

ein Rädlein darein befestiget werden kann, hinten aber sind sie als Handheben zu gerichtet. Sie werden bey der Deicharbeit sowohl, als bey andern Gebäuden zum an und wegführen der Erde, Schutt, Sand, Steine u. d. g. gebrauchet.

Schuh, Stiefel, ist eine hohle eiserne Spitze womit die Pfähle unten beschlagen oder beschuhet werden, sie haben öfters Federn und werden mit Nägelen an die Pfähle befestiget.

Schuh, wird auch dasjenige Beschläg genannt, so man unten an die Stampfen bey Oehl oder andern Stampf-Mühlen machet, sie können von Eisen seyn, ausgenommen bey Pulver-Mühlen, da sie von Metal seyn müssen.

Schuh, Schüttelkästlein, Zotschstelle, ist unterm Rumpf angebracht, und kan gerichtet werden, das wenig oder viel Getreid in den Stein laufet.

Schuß-Brücke, siehe Schuß-Laden.

Schuß-Laden, Gefäll-Laden, Gieß-Brett, Schuß-Brücke, ist eine eichene Bohle welche oben bey dem Fach-Baum anfangt, und in den Kropf eingelassen ist, damit das Wasser über solchen Schußladen bey unterschlächtigen Mühlen, auf das Geschäuffel mit Gewalt auffallen kan.

Schütel-Kästlein, siehe Schuh.

Schuzbret, Falle, Schotten, Schüzen, Verlath. Ist ein Verschluß von auf einander nach der Breite befestigten Tännenen oder eichenen Bohlen (Läden) durch welche bey Wasser-Müh-

Mühlen und andern an Waſſer angebrachten Maſchinen, oder auch einem Waſſer-Abzug, daſſelbe entweder geſtauet, oder abgelaſſen wird. Es giebt aber auch eine große Art welche bey Schleuſſen gebraucht und in Fugen (Falzen) aufgezogen und wieder nieder gelaſſen werden können, welches durch eigens darzu verfertigten Maſchinen verrichtet wird.

Schüzel, ſiehe Klincket.

Schüzen, ſiehe Schutzbrett.

Schwungrad, iſt ein Inſtrument, welches wann es ſich einmal in einem Circul beweget, ſolche Bewegung in einer gewißen Zeit fortſetzen kan.

Schwerdt-Band, ſiehe Creutzband.

Schwöppung, ſiehe Lückung.

Setzwaage, ſiehe Waſſerwaage.

Sicher-Pfahl, ſiehe Mahlpfahl.

Sichter-Höhle, iſt ein aus Bohlen oder Brettern zuſammen geſchlagener, oder auch aus einem hohlen Baum beſtehende, durch einen Weg oder Damm quer durch gelegte Röhre.

Siel, ſiehe Schleuße.

Siel-Flügel, Vorſezungen, werden gemacht wann der Ausfall des Stromes ſehr ſtark iſt, daß er die Ufer des Sieltiefes, außerhalb des Vorſieles mit einem Widerſtrom angreifet und wegſpühlet; oder auch wegen der Krümme des Siel-Tiefes nahe vor der Seite anfällt, ſo daß das Nachſchleßen des Ufers bis an den Deich-Fuß ſich erſtrecken kan; auch wann eine Schiffarth

Siehl- Speck-

farth durch den Siel gehet, und dahero erforder-
lich ist, daß die Schiffe nahe unter dem hohen
Ufer anlegen können, so wird der Sielflügel von
dem Vorsiel auf eine nöthige länge hinaus, gemeiniglich aus Holzwerck von Pfählen und Bohlen geschlagen.

Siehl-Kuhle, ist ein in die Erde gegrabe-
nes Loch, welches so groß und tief ist, als es der
Siel so dahinein gelegt werden solle, erfordert.

Sieltief, Schleußen-Fleeth, ist ein Kanal wo alle Zuggraben zusammen kommen, und
sämtliches Wasser nach dem Siel hin, und ferner
hinausgeführet werden.

Soden, siehe Raßen.

Soden-Grüffte, heißt der Platz wo der grü-
ne Raßen-Anger zur Schwöpung ausgestochen
worden.

Södung, siehe Lückung.

Söhmer, in der Deicher-Sprache, sind die
Unterlag-Hölzer, bey einem Gerüste (Stellage)
so auf die Riemen-Hölzer gelegt werden, auf
welche hernach Bohlen zu liegen kommen, worauf das Schlagwerck (Ram-Maschine) gestellet
wird.

Sommer-Deich, ist derjenige Deich, so das
Land bey denen Binner- oder Landströmen, vor
hohen Sommer-Fluthen schützet, im Winter aber
keinen Widerstand thun können, sondern das
Wasser überlauffen lassen müßen.

Speckdamm, siehe Spittdamm.

F Speiß-

Speißhane, wird derjenige Hahne genannt, welcher bey denen Brunnen-Künsten an die Wand des Wassers-Kastens, worinnen das Kunstwerck stehet, mit Schrauben befestiget ist, um durch solchen das reine Brunnen-Wasser in den Kasten zu Speißung des Druckwerckes einlauffen zu lassen.

Speiß-Kasten, siehe Wasser-Kasten.

Spickdamm, siehe Spittdamm.

Spint, ist an denen Bäumen das äußerste Holz, welches unmittelbar von der Rinde umgeben ist, und sich von dem inneren Holz durch eine lichte Farbe unterscheidet. Das innere des Holzes heißt man den Kern, und ist härter und zum Gebrauch nützlicher als der Spint.

Spittdam, Speckdamm, Spickdamm, wird derjenige Damm genennet, so bey denen Pütten unumgegraben liegen bleibet, damit man von der hintern Erde nicht abgeschnitten bleibe, sondern mit Schubkarren (Kojer-Karren) und Schanzkarren (Wüppen) darüber fahren könne.

Spitten, heißt soviel als die gegrabene Erde in die Karren einladen.

Spitzbolten, Rungen, sind starke und lange Nägel welche von der Seiten eingehacket sind.

Splint, siehe Schliesen.

Sporen, siehe Einbau.

Spranten, werden in der Deicher Sprache die Aeste genennet, so aus dem Hauptstamm einer Braacke gehen.

Springbrunnen, Fontaine, werden diejenige Wasser-Wercke genennet, welche durch Kunst auf zerschiedene Art angeleget werden, und das Wasser sowohl zum Vergnügen des Auges, als auch zum Nutzen der Menschen von sich fahren lassen.

Springfluthen, heißt man diejenige welche um die Zeit des Voll- und Neumondes um ein paar Fuß höher steigen, hingegen die Ebbe so viel tiefer fallet, als bey gewöhnlichen Fluthen.

Spuhr, siehe Nuet.

Spund, Feder, ist ein auf der Kante einer Diele oder Bohle in der Mitte fortlaufender Streif-Holz, so in die Nuet der benachbahrten Diele oder Bohle passet.

Spundbaum, siehe Fachbaum.

Spundpfähle, Zeerdpfähle, sind geschnittene Bohlen oder Dielen, aus fichten, forren oder eichen Holz, welche auf einer Kante einen Spund oder Feder, auf der andern aber eine Nuet oder Falz haben, und unten zugespitzet sind. Ihre Breite ist 12. bis 15. Zoll, die Dicke aber 5. bis 6. Zoll, die Länge ist verschieden, nachdeme das Erdreich es erfordert.

Staber-Gerinne, haben selten über 5. Fuß und unter 3. Fuß Breite, und ist der Kropf ganz flach.

Staber-Rad, dieses bestehet aus zwey Reifen oder Felgen, worzwischen die Wasserschaufen liegen.

Stackwercke, sind nichts anders als starcke gefütterte Zäunne, die man nach der geraden oder krummen Linie des Ufers zu dem Ende vorziehet, damit das anschlagende Wasser, das vorhandene wenige Ufer nicht gar wegspühle.

Stampfe, Stößel, ist ein hölzerner Block von hartem Holze, in welchem ein Handstiehl befestiget ist, und wiegt gemeiniglich 15. bis 20. Pfund. Man gebraucht solche bey Dämmen (Deichen) und bey Schanzarbeiten auch Anlegung der Straßen, die Erde feste auf einander zu stoßen.

Stampffe, Stempel, Stößel, sind geschnittene 12. bis 14. Fuß lange, 6. und 5. Zoll breite Hölzer, von Ahorn oder Weißbuchen Holze, so unten mit einem eisernen Schuh beschlagen. Sie werden bey Oehl, Gewürz- und andern Stampf-Mühlen gebraucht. Bey denen Pulver-Mühlen müßen die Schuhe von Metal seyn, weilen sonsten eine Entzündung des Pulvers zu befürchten stünde.

Stangenwerck, siehe Feldgestäng.

Stau-Deich, ist derjenige Deich welchen man an sehr hohen Orten anleget, um der Ueberschwemmung einer außerordentlichen hohen Fluth, zu widerstehen.

Stau oder stehendes Wasser, ist der Stand worinnen das Wasser eine kurze Zeit bey Ebbe und Fluth stille stehet, ohne mehr auf oder abzulauffen.

Steeg,

Steeg, Ober-Lager, ist ein Zwerchholz, breiter als dick, von verschiedener Länge nach dem es die Mühle erfordert. In diesem Holz wird eine Pfanne angebracht, worinnen das Mühl-Eisen laufet.

Steig, Biet, Gebiet, Mühlgerüst, wird in Mahl- oder Getreid-Mühlen dasjenige Gerüst genennet, unter welchem das Kamm-Rad und Getrieb, oben aber die Mühlsteine sich befinden.

Steig-Röhre, siehe Aufsatzröhre.

Steilpfahl, wird in der Deicher-Sprache ein senkrecht eingeschlagener Pfahl genennet.

Steindeich, heißet man die Deiche, so mit Steinen verwahret werden.

Steinriegel, sind bey Getreid- oder Mahl-mühlen diejenige Riegel, durch welche der Boden oder untere Mühlstein befestiget wird.

Steinwagen, siehe Blockwagen.

Stellagepfähle, siehe Gerüstpfähle.

Stemmen, siehe Kaiedeich.

Stemmgeschwell, wird das aus zwey in einem ausgehenden oder hervorspringendem Winkel gegen einander strebendes Holzwerck genannt, worgegen die zwey Thor-Flügel einer Schleuße sich stemmen, dahero man diese Schleußen-Thüren Stemmthore heißet.

Stemmthor, siehe Stemmgeschwell und Schleuße.

Stender, Stock, Saul, Pfosten, Stütze, Stiehl, sind vierkantige senkrecht stehende Hölzer.

Sternrad, Stirnrad, Kronrad, Zirnrad, ist bey Mühlen und andern Maschinen ein Rad mit Zähnen oder Kämmen, welche oben auf der Stirne des Rades stehen, und gleichsam aus dem Mittelpunckt laufen.

Stiefel, siehe Schuh.

Stiefel, Hafen, Kolbenröhre, ist diejenige Röhre, in welcher der Kolben auf und niedersteiget, und entweder durch Saugen oder Drucken, das Wasser in die Höhe treibet.

Stiefelmündung, ist die innere Circulförmige Oefnung des Laufs, welche oben etwas schräg zu gehet und der Einschlief genennet wird, wie unter diesem Wort weiters nachzusuchen.

Stirnrad, siehe Sternrad.

Störten, siehe Wüppe.

Stößel, siehe Stampfe.

Stoß, heißt man die Würckung eines Körpers mit seiner Bewegung in einen andern.

Stoßschauffel, siehe Kropfschauffel.

Stoßwinckel, ist derjenige Winckel, in welchem ein Körper in den andern wircket.

Straßbäume, sind bey Säg oder Schneid-Mühlen die zwey gefugte Bäume, worinnen die Zapfen-Bäume des Sägewagens gehen.

Strauber-Gerinne, sind die Wasser-Rinnen bey einer Strauber-Mühle, und gemeiniglich $2\frac{1}{2}$ bis 3. Fuß breit, der Kropf in denenselben,

ben, ist nach der Rundung des Rades gemachet.

Strauber-Rad, ist bey Waſſer-Mühlen ein Waſſer-Rad, ſo nur eine Felge oder Kranz hat, auf deſſen Stirne die Schauflen in denen Einſchnitten eingeſetzet, oder beſſer an Schauffel-Stiehle befeſtiget ſind; gegen die Ende der Schauflen gehen Radſchwingen oder Springel-Stöcken um den ganzen Umkreiß des Rades herum, welche die Schauflen verbinden und wieder die Gewalt des Waſſers verwahren.

Strebeband, in der Deicher Sprache Scharren, iſt in der Zimmerkunſt, ein ſchräg liegendes, gegen einem andern Holz ſich ſtrebendes Band.

Strichzäunne, dieſe werden in Flüßen, ſo nicht über 3. Fuß tief Waſſer haben, mit gutem Nutzen im Frühling und Herbſt angeleget. Sie beſtehen aus Pfählen von 4. 5 bis 6. Fuß länge, und 2 : 2 ½ bis 3. Zoll im Durchmeſſer, welche man mit Brücken, häßelen oder wann man Weiden-Ruthen haben kann, mit dieſen umflechtet.

Strebpfähle, Scharren, ſind ſolche Pfähle, welche ſchräg eingeſchlagen, und gegen ein Riem oder Waſſer-Leiſte mit dem Einſchnitt ſo ſie am Kopf haben ſich ſtreben.

Stroh-Deich, heißt derjenige Deich welches Schwöpung (Böſchung) mit unverworrenen Roggen oder Weitzen-Stroh; (Schoof) beleget und in die Erde mit Spicknadlen geſpicket iſt.

Strom, ist ein durch die Natur gemachter offener Kanal, in welchem sich das Wasser vermittelst eines beständigen Gefälles fortbeweget. Oder es wird der Lauf des Wassers dardurch verstanden, welches mittelst der eigenthümlichen Schwere des Wassers von einem höhern nach einem niedrigen Ort geschiehet.

Strombahn, siehe Fahrwasser.

Strombett, ist der Boden in einem Strom, worüber derselbe läuft, und entweder aus Felsen, oder andern harten Steinen, derben Kieß, Dufft, Mergel, Sand oder Schlamm bestehet.

Strom-Enge, heißt man die Oerter, wo entweder die natürliche Lage der Ufer sich verenget, oder durch Einbaue verenget worden.

Strom-Gränzen, diese werden durch die Strom-Engen bestimmet. Dahero ist die wahre Gränze des Stromes, welche eine gezogene Linie von einer Strom-Enge zur andern machet.

Strom-Korb, ist ein von Weiden-Ruthen geflochtener und an dem einen Ende zusammengezogener Cylinder, so mit Dornen ausgestopfet und in den Fluß, die Gewalt des Wassers zu brechen, versenket wird.

Stromstrich, ist ein Streiff-Wasser, welcher sich von denen übrigen durch einen schnellern Zug unterscheidet.

Strudel, siehe Wirbel.

Strudelbau, siehe Stuedelbau.

Stuedlen, sind 7. und 9. Zoll starke, ins gevierte auf der Mühle geschnittene Hölzer, so

in

in die Lager = Stuedel = Bäume Schwalben-Schwanzförmig, wie auch in die Greinern durch viereckigte Einschnitte eingelassen und mit forenen Nägeln feste genagelt werden.

Stuedel-Bau, besser Strudelbau, ist ein Packwerck, so aus denen Stuedel-Lagerhölzern, Stueblen, Greinern, Bruckhölzern, Raißer-Bäumen, Weiden-Aesten und Kieß auch Vorpfählen zusammen gesetzet und verbunden wird. Ich habe auch im vorigem Jahre ein Packwerck bey dem Churfürstlich Bayrischen Schloße Haltenberg am Lechstrom gesehen, welches über das höchste Waßer aus Faschinen bestanden, über welches ein Kasten von Wand und Stuedelhölzern gesetzet, und mit großen Steinen ausgefüllet ware; so der dasige Wuhrmeister Joseph Gerold angegeben hat. Es dienen aber solche Packwerke bey stark reißenden Flüßen und Strömen, sowohl zu Ufer-Befestigungen, als auch zu Sporen (Einbaue) da sie zwar in der Anlage etwas verändert werden müßen, wie auch zu Wiederlagern bey hölzernen Brücken.

Sturmfluthen, entstehen, wenn zu der gewöhnlichen Aufschwellung der Fluth ein heftiger Sturm kommt, der nach gewissen Küsten das Waßer auftreiben kann; so übersteiget hernach die ordentliche Fluth ihre gewöhnliche Höhe, um soviel, als das Waßer vom Wind aufgetrieben werden kan.

Stürz-Karren, siehe Wüppe.

T.

Tangenten, siehe Daummen.

Taubel-Mauer, ist die äusserste Mauer so um einen Wasserhälter oder Baßin gemacht wird.

Teich, siehe Deich.

Theilungs-Grube, wird von Steinen ohne Mörtel aufgeführet, und befinden sich die Haupt- und Theilungs-Hahnen darinnen. Eine solche Grube welche in den Straßen und Gassen einer Stadt sich befinden, wird oben mit einer eichenen Rahm und Deckel verwahret, daß man ohne Gefahr darüber gehen, reiten und fahren kan. Damit man aber Winter-Zeit wann Schnee lieget solche zu finden weiß, so bemerkt man an denen nächsten bürgerlichen Häusern die Weite dieser Gruben an denselben mit Rothstein an.

Theilungs-Hahne, wird derjenige genannt, so bey jedem Hauß, welches ein laufendes Wasser hat, in einer kleinen Theilungs-Grube sich befindet.

Theilriß, siehe Schrift.

Thon, Letten, ist eine zähe, zarte ohne alles Gesteine fette Erde, so entweder röthlich oder blaulicht an der Farbe ist, und kein Wasser durchläßet; daher solche das Durchseigen des Wassers zu verhindern, bey Deichen und andern Wassergebäuden mit großen Nutzen zu gebrauchen.

Tiede,

Tiede, **Getiede**, ist eine Ebbe und Fluth-Zeit von 12. Stunden, oder auch eine von beyden, nachdem die Rede davon ist.

Todt-Wasser, wird dasjenige Wasser genennet so stille stehet, und keinen Abzug hat.

Toder-Waag, ist soviel als das Unterwasser.

Tracht, wird in zweyerley Verstand genommen; einmal heißt es soviel, daß ein Balcken so beschaffen seye, sich nicht nur selbsten, sondern noch eine aufgelegte Last zu tragen, ohne daß sich derselbe biege, reiße oder breche. Im zweyten Verstand aber wird dieses Wort gebraucht, wann die Rede von dem Raum zwischen zweyen Puncten ist, wo der Balcken ruhet oder aufflieget; dahero sagt man ein Balcken hat 30. Fuß Tracht, wenn der Raum zwischen zweien Wänden worauf der Balcken auflieget 30. Fuß weit von einander stehen, und kein Träger unter dem Balcken durchgezogen ist.

Trage-Bäncke, **Unterlager**, sind diejenige Hölzer, so in dehen Docken einer Mühle quer durch das Mühlgerüst (Birt) gehen, und worauf der Steeg sein Lager hat. Einer von diesen Trage-Bäncken gehet durch die Docke durch, und hat einen Kopf, durch welchen die Schraube oder Aufhelff Eisen (Hebschine) gehet, vermittelst welcher man das obere und allem was darauf, hoch oder niedrig kan geschraubet oder gestellet werden.

Träger, **eingehängter**, wird dasjenige gevierte Zimmerstück geheißen so unter eine gehängte te Brücke mit Bolzen an die Brücken-Tramen angehänget und befestiget wird.

Traß, ist eine Erde so im Cöllnischen gegraben und in Holland zu Pulver gestoßen wird. Sie dienet bey Wasser-Gebäuden zur Verfertigung des Cement-Mörtels.

Trieb-Sand, Flug-Sand, ist so fein daß er gleichsam auf dem Wasser schwimmet, ob er gleich wegen seiner Fenigkeit eine zusammenhängende Fläche auszumachen scheinet, aber wann er entweder zu trocken von dem Wind hinweggewehet wird, und alsdann den Namen **Flug-sand** erhält, oder wann er zu naß wird, sich auflößet, und daher von dem geringsten Wasser hinweggeschwemmet werden kan. Dieses ist bey Wasser-Arbeiten der allerschlechteste Grund, dann es gehet ein Pfahl zwar leicht ein, so lange man ihn aneinander fortschläget, stehet er aber eine Zeit lang stille, so besauget er sich in dem Triebsand, und ist mit Mühe wieder in Gang zu bringen. Will man aber den Pfahl zu starck eintreiben, so ziehet sich der Grund um den Pfahl herum hinunter, um ihn herum aber steiget er in die Höhe. Wenn denn der Triebsand als ein flüßiger Körper wiederum sein Gleichgewicht nimmt; so steiget der Pfahl wiederum in die Höhe. Auch in Ansehung des Auslaufens ist der Triebsand der schlimmste Grund, denn er wird von dem schwächesten Strom in der Tiefe losgespühlet und fortgetrieben. Es ist dahero nicht zu rathen, daß man bey Wasserbaue große Pfähle eintreibe, sondern

sich

sich der Senckschlachten von Faschinen, Würste, mit darzwischen gefüllter Erde und Rasen, auch kleinen Pfähle, den Bau durch solche mit einander zu verbinden, bediene.

Triebstecken, Spindlen, siehe Trilling.

Trigonometrie, lehret wie aus zwey gegebenen Seiten und einem Winckel, oder aus zweyen Winckelen und einer Seite, die übrigen Seiten und Winckel eines Triangels zu finden. Ein Wasserbaumeister hat dieselbe nöthig, wenn er eine Fluß-Carte, da man nicht aller Orten zu kommen kan, aufnehmen will.

Trilling, Dreyling, Getrieb, Rumpff, bestehet aus zwey runden Scheiben, in welche nach der gehörigen Schrift, die Spindlen oder Triebstecken eingesetzet werden, welche von denen Kämmen oder Zähnen eines Kamm- oder Stirnrades ergriffen werden. Sie stehen bald senckrecht, bald aber liegen sie horizontal nachdeme es die Maschine wo sie angebracht sind, erfordert.

Trilling-Scheiben, siehe Trilling.

Triumph-Bogen, ist ein Aufsatz, so einer Ehren-Pforte gleichet, und aus welchem verschiedene Wasser-Sprünge kommen.

Trog oder Böttichräder, siehe Oberschlächtiges Wasser-Rad.

Trog, Schleiftrog, ist ein Wasser-Gefäß so unter dem Schleifstein, welcher beständig naß seyn muß, stehet. Das Wasser in diesen Trog wird auf folgende Weise dahin geleitet. Zwischen denen

denen Schauflen des Waſſer-Rades ſind ein paar
Schöpf-Kaſten eingeſetzet, welche das Waſſer in
eine Rinne ergießen, welches hernach in den Trog
einläuft, auch auf die übrige Schleif-Steine in
andern Rinnen gelaſſen werden kann.

Tuffſtein, iſt ein poröſer oder löcherichter
Stein, ſo gleichſam aus loſen Kalck-Theilen zuſammen gebachen, und in einigen Jahren feſte
und zu einem Stein geworden, ſie werden aus
der Erde gegraben, auch habe welchen in dem
Lechſtrom bey dem ſogenannten Stadel, dem chur-
fürſtlich bayriſchen Jagd-Schloße Lichten oder
Leuchtenberg gegen über in dem Alveo gefunden,
welcher aber nur in kleinen Stücken beſtehet, dahero nur zum Kalckbrennen tauglich. Die große
Stücke aber werden zu Werck-Blöcken gearbeitet, und iſt dieſer Stein hieſiger Orten vortreflich
zu denen Waſſer-Gebäuden zu gebrauchen.

V. U.

Ventil, heißt ein Deckel über einer Oefnung,
welcher ſich durch den Druck des Waſſers auf-
ſtoßen läßet, damit daſſelbe zu der Oeffnung hinein dringen, aber ſich auch wieder verſchließet, damit das Waſſer nicht mehr zurück fallen kan.
Sie ſind von verſchiedener Arten, als Muſchel,
Kegel, Kugel und Klappen-Ventille, wie man
unter dieſen Wörtern weiters nachſuchen kan.

Verbrüſtung, ſiehe Verſatzung.

Vergleichen, ſiehe Licken.

Verhohlene Fluth, diese trägt sich nur selten, und zwar nicht anders als im Sommer zu, da die Fluth gar schwach, und kaum zur Helfte ihrer gewöhnlichen Höhe anlauft.

Verlath, siehe **Schutzbrett.**

Verlohrner Zapffen, siehe **Zapfen.**

Vernätherung, ist ein Wasserbau, so aus Zaunpfählen bestehet, um welche Würste von Weiden herum geflochten und mit dem Stößel in den Grund gestoßen werden. Die Räumme zwischen diesen Zäunnen werden mit Steinen gefüllet und Busch darauf geleget, und also wird mit dem Zaun flechten, Legung des Busches und Anfüllung mit Steinen, wechselsweiß fortgefahren, bis der Bau seine nöthige Höhe vernichtet hat.

Versandung, ist wann ein Strom-Arm nach großen Wassern mit Sand angefüllet worden, daß das Wasser einen andern Lauf nehmen muß.

Versatzung, siehe **Umdämmung.**

Versatzung, Verbrüstung, Verbürstung, heißt bey denen Zimmerleuthen, wenn eine Strebe, Bueg, oder dergleichen, nicht nur eingezapfet, sondern auch etwas in das Holz eingesetzet oder verbürstet ist.

Verschuhen, siehe **Beschuhen.**

Verwahrungs-Pfähle, siehe **Pfähle.**

Verzäunungs-Ruthen, siehe **Flechten.**

Uber-Deich, siehe **Kessel-Seel.**

Uferbefestigung, wird diejenige Verwahrung des Ufers genennet, so durch Eiß oder sonstige

ſtige Zufälle verwüſtet worden, welche man mit allerley Senck, Schlengen und Packwercken, auch wohl mit Archen und Käſten vornimmt.

Vierkantig, ſagt man, wenn man ein Zimmerholz nach der Schnur nach gegebenen Maaßen, z. E. 8. und 10. Zoll ins Viereck behauet oder beſchlaget.

Vierpaß, iſt eine aus vierkantigem Holze gemachte oder zuſammen geſetzte viereckigte Rahm, welche man über die Theilungs-Gruben und anderer Orten gebrauchet.

Umdämung, Waſſerſtube, Verſatzung, Krippe. Es werden dieſelbe von einer Reihe Pfählen, ſo man einfache Krippen nennet, geſchlagen, oder aus zwey Reihen Pfählen gemachet, dieſe werden doppelte Krippen geheißen. Beyde werden mit Brettern verſchlagen, oder es werden wann Falz-Pfähle eingeſchlagen worden, zwey zöllige Bohlen eingeſchoben. Der Raum zwiſchen denen zwey Wänden wird mit Thon (Letten) ausgefüllet, um dem Durchdringen des Waſſer zu wehren. Man hat aber noch eine andere Art, ſo als Käſten gemacht ſind, und bey gar zu ſtarck reiſenden Waſſern gebraucht werden. Ihr Gebrauch iſt, daß, wann man in ſtehenden und fließenden Waſſern bauen muß, den Raum wo gebauet werden ſoll, trocken zu machen, indem man das Waſſer ausſchöpfet, es geſchehe hernach durch Pumpen, Waſſerſchnecken, Schaufel und Paternoſterwerke o. d. g.

Unterlage, siehe Anwelle.

Unterlager, sind Stücke vierkantiger Hölzer, in welche die Säulen eines Kastens, oder bey Stender-Sielen die Stender eingezapfet werden.

Unterlager, siehe Tragbanck.

Unterschlächtiges-Rad, ist ein Wasser-Rad, da die Wasser-Rinne mit dem Schußladen und Ankröpfung unter demselben hergehet, und das Rad bey nahe bis an den Boden der Rinne gehet.

Untiefe, siehe Drögte.

Vorboden, siehe Vorsiel.

Vordeich, siehe Raiedeich.

Vorlage, siehe Senckwerck.

Vorland, siehe Groden auch Außendeich.

Vorgeleg, wird geheißen, wann ein Stirn-Rad so an der Welle eines Wasser-Rades hanget, in einen Trilling so an einer andern Welle befestiget ist, greiffet, und vermittelst dieses Trillings die Welle woran das Kammrad, welches den Mühlstein treibet in Bewegung bringet. Es giebt aber liegende und stehende Vorgelege, nachdem es die Lage und Beschaffenheit des Werckes, wo ein solches Vorgelege angebracht wird, nöthig hat.

Vorsetzung, siehe Sielflügel.

W.

Wahrbaum, ist ein starkes Riem so vor die Pfähe geleget wird, wenn man eine Hölzung bey einem Damm da ein Durchbruch anleget, den Wahrbaum gräbet man beiderseits etwas in das Ufer ein.

Waagbalcken, ist eine hölzerne oder eiserne Stange, welche horizontal oder waagrecht auf einem festen Punkte, welchen man den Ruhepunkt heißet, und ein Hebel der ersten Art ist. An einem seiner Ende oder äußersten Theile, hanget die Druck oder Kolben-Stange, und an dem andern eine Bewegungs-Stange welche an einer Kurbel befestiget ist, so den Waagbalcken in Bewegung und den Kolben zum auf- und niedersteigen bringet. Man heißt aber auch bey Feldgestängen diejenige Stücke von Holz Waagbalcken, welche die eiserne Kette hin und her ziehet.

Wagen, siehe Sägewagen.

Wahn-Ecken, Wahn-Kanten, sind an Zimmerstücken die Ecken, welche nicht völlig scharf ausgehauen sind, sondern man noch etwas von der Rundung des Baummes, wo die Rinde gesessen hat, oder noch sitzet, sehen kan.

Wahn-Kanten, siehe Wahn-Ecken.

Walch oder Walckmühle, ist diejenige Mühle, worinnen, Leder, Zeug, Tuch oder Leinwand gewalcket, d. i. gestampfet, und zu seiner Bindigkeit und gehörigen Güte gebracht wird.

Walze, ist ein Cylinder förmiges Holz, welches zur Fortschaffung großer Lasten dienet, z. E. eines großen Stück Steines, da man unter denselben zwey Walzen unterleget, und den Stein darauf fortschiebet oder wälzet. Es würde sich
aber

aber bey dieſer Arbeit zu tragen, weilen die Laſt ſo ſchnell fortgehet, daß die hintere Walze zurück bleibet, daher man noch eine dritte haben muß, um dieſelbe vorne unterlegen zu können, damit die Laſt ſogleich wiederum auf zwey Walzen zu liegen komme. Die hintere Walze kann wiederum vorne unter geleget, und auf dieſe Art beſtändig fortgefahren werden, bis die Laſt zu der gehörigen Stelle kommt.

Wandholz, Wandbalcken, Geſchlacht-Holz, iſt ein vierkantiges Holz, ſo man bey Archen, Käſten und Geſchlachten gebrauchet. Sie werden wann mehrere an einander geſetzet werden müßen an einem Ende mit einen Zapfen, an dem andern aber mit einem Horn verſehen.

Wandrähm, ſiehe **Blattſtück.**

Waſchen, ſiehe **Waſecken.**

Waſecken, Waſchen, Würſte, iſt ein in der Dicke einer Faſchine von 30, 40 bis 50 mehr oder weniger Fuß langes, mit weiden oder andern Bändern gebundenes Buſch- oder Reißwerck, wordurch Pfähle ſo am Kopf durchlochet ſind, damit man ſtarcke Nägel durchſtecken kann, geſchlagen werden, um den darunter in die Quer gelegten Buſch- oder Reißwerck nieder zu halten.

Waſſer-Ablaß, ſiehe **Frey-Gerinne.**

Waſſerbäncke, werden unten an der Seite des Waſſer-Rades an denen Schlagwänden angebracht.

Waſſer-Bett, wird das vor und hinter einer Mühle oder anderer Waſſer-Maſchine, das auf einem Rost aufgenagelte Bretterwerck genennet.

Wasserbau-Kunst, ist eine Wissenschaft, welche lehret, sowohl in stehendem als lauffendem oder fließendem Wasser, allerley Wercke aufzuführen.

Wasser-Bau-Meister, ist eine Persohn welche allerley Arten von Wasser-Gebäuden anzugeben weiß, so wie es die Umstände und die Beschaffenheit des Stromes erfordert. Er muß die Rechen-Kunst, Meß-Kunde, Trigonometrie Mechanick, Hydraulick, Hydrostatick, Aerometrie und Natur-Lehre wohl verstehen.

Wasser-Baum, ist ein künstliches in Gestalt eines Baumes vorgestelltes Wasserwerck, da von denen Aesten viele Wasser ausspringen.

Wasser-Becken, siehe Basin.

Wasser-Behälter, ist ein Behältniß so einem Teiche gleichet, und nach dem Gebrauch bald groß bald klein ist, darinnen sich sowohl Quell als Regenwasser sammlet, und nach Gefallen an zerschiedene Orte, theils zum Nutzen, theils zur Lust abgeleitet wird. Man beleget aber auch mit diesem Namen, die vertiefte und mit Mauerwerk und harten Stein-Plattten versehene Basins, wo Springwasser spiehlen.

Wasser-Bögen, sind eine Art von Springwassern, so man in denen Aleen eines Buschwerkes anleget. Sie haben den Namen bekommen, weilen wegen der Neigung derer Wasser-Röhren, ihr Wasser-Sprung parabolisch ist, und

ein-

einander von einer Seite zur andern durchschneiden, und gleichsam Bogen-Lauben machen, unter denen man durch gehen kan.

Wasser-Deich, siehe **Schlick-Deich**.

Wasser-Eicht, ist ein Gefäß, worinnen das Wasser gemessen wird, wie viel in einer gewissen Zeit eine Wasser-Röhre an Wasser-Zoll ausgiebet.

Wasser-Fall, entstehet, wann in einem harten Grund eines Flusses eine große Höhe (Untife) ist, davor sich der Strom aufstauet, unterhalb aber der Fluß ungehindert einen langen Weg fortlaufen kan.

Wasser-Fall, Caßrade, ist entweder natürlich oder künstlich. Der natürliche ist wann ein Strom ziemlich hoch über Felsen herunterfällt. Der zweite aber oder der künstliche, ist, wann das Wasser bey einem Abhang eines Gartens, stuffenweis herunter fließet, oder auch aus einem Becken, in eines und das zweite darunter stehende sich ergiesset und ausbreitet.

Wasser-Garbe, bestehet aus zerschiebenen Wasser-Strahlen, die aber nicht hoch springen und gleichsam einen Büschel machen, so einer Garbe gleichet. Sie werden meistentheils in einem Bäsin angebracht.

Wasser-Gerinne, siehe **Gerinne**.

Wasser-Kasten, Speise-Kasten, ist ein Behältniß, so aus zusammen gespundeten eichenen Bohlen bestehet, und auf einem Rost lieget, in welchen mittelst eines Speise-Hahnens, zu

Speisung des Kunstwerkes reines Quell-Wasser eingelassen wird.

Wasser-Kessel, wird dasjenige Wasserbehältniß genennet, welches auf einem Wasser-Thurm stehet, und in welchen sich das Wasser aus der Steigröhre ergießet. Er wird aus eichenen Bohlen oder aus Kupfer gemachet.

Wasser-Leisten, siehe **Riemen**.

Wasser-Pyramiden, bestehen aus ihren Postementen, welche in einem Baßin stehen, auf welchen Delphinen angebracht, worauf die vier Ecken der Pyramiden ruhen. Die ganze Pyramiden bestehen aus stuffenweis eingeschobenen bleiernen Platten so vergoldet sind, über welche das Wasser, das in Röhren so in den Ecken sich befinden auf die obere Platte ergießet, von einer zu der andern abfället, und von denen Delphinen sich ins Basin ergießet.

Wasser-Schloß, Wasser-Thurm, wird dasjenige Gebäude genennet, auf welches das Wasser durch allerley Kunstwerke hinauf getrieben wird, wo es sich dann in den Wasser-Kessel (Wasser-Kuffe) ergießet, und durch die Abfall-Röhre zu denen Leitröhren herunter fället, in welchen es in einer Stadt oder einem Garten zum Nutz und zu der Lust weiters fortgeleitet wird.

Wasser-Schnecke, Wasser-Schraube, Archimedische-Schnecke, ist eine Maschine so entweder, wie eine Schnecke um eine Spindel von Holz, in welche Einschnitte gemachet sind, durch dünne Brettergen gemachet ist, um welche
von

von außen ein Gehäuß von Brettern gemacht ist, so durch eiserne Reiffe angezogen und verpichet werden. Oder es lauffet eine bleyerne Röhre, wie eine Schraube um die Spindel. Durch diese Maschine wird das Wasser wann sie schräg in dasselbe gestellet, und umgedrehet wird, in die Höhe gehoben, und dienet dahero bey Grundbauen das Wasser auszuschöpfen, wo man im trocknen arbeiten muß.

Wasser-Stand, ist die Höhe des aufgestauten, oder geschützten Wassers, auf dem Fachbaum, so hoch es nehmlich durch die Schutzbretter gehalten wird.

Wasser-Stube, siehe Umdämmung.

Wasser-Schwamm, bestehet aus einer umgekehrte Schahle, die aus Marmor gemacht, und Muschelförmig zu gehauen ist, und auf einem Stamm oder Stock stehet, wordurch dieses Stück die ordentliche Gestalt eines Schwammens erhält. Zu oberst ergießt sich ein starker und dicker nicht gar zu hoher Wasser-Strahl, welcher in dem zurück fallen ein brublendes und kochendes Wasser vorstellet, welches einen circulrunden Wasser-Fall machet, der dem Auge vieles Vergnügen erwecket.

Wasser-Theater, man macht selbige meistens rund wie ein Amphitheater, und bestehet aus Wasser-Fällen, so stuffenweiß angeleget sind.

Wasser-Thurm, siehe Wasser-Schloß.

Wasser-Waage, ist ein Instrument durch dessen Hülfe eine Parallel-Linie mit der unsichtbahren Horizontal-Linie gefunden wird. Man heißt sie auch Sezwaage, Horizontalwaage, Bleywaage, Schrottwaage.

Wasserwägen, heißt, den Unterschied in denen Entfernungen verschiedener Orten von der wahren Horizontal-Linie, suchen.

Wasserwehr, ist ein in einem Fluß, aus Holtz oder Steinen oder auch bey nicht reißenden Wassers aus Faschinen, quer durch denselben angelegter Damm, um das Wasser auf eine gewiße Höhe zu stauen, und in einen Neben-Graben oder Kanal zu leiten. Man legt sie aber auch zum Nutzen der Schiffarth an, wann ein Fluß ein gar zu abhängiges Bette hat, daß bey vielem Wasser derselbe gar zu schnell und reißend ist, hingegen bey trockener Zeit fast kein Wasser im Strome bleibet; so legt man in gewissen Entfernungen Wasserwehren an, wodurch der Strom so hoch aufgestauet wird, daß er von einem Wehr zum andern schiffbahr seye, neben dem Wehre aber wird ein Durchlaß mit Schutzbrettern, oder eine Rollbrücke zum überziehen kleiner Fahrzeuge, oder eine Fangschleuße zu großen Schiffen angeleget. Es werden auch die Bären so man in Festungs-Gräben erbauet Wasser-Wehren genannt, sie werden wegen der Desertion oben in Gestalt eines Daches geschloßen so man Eselsrücken nennet, und in der Mitte auf diesem, wird noch ein runder maßiver Thurm angebracht; damit aber das Wasser in dem Festungs-Graben frey herum spiehlen kann, macht man in die Mitte te des Bärs eine kleine Schleuße, welche mit einem Schutz-Brett versehen ist.

Wasser-Wurff, siehe **Einbau.**

Wat, wird der unbegrünte schlammigte Vorgrund geheißen; so weit nehmlich derselbe zu ordentlicher Fluth-Zeit unter Wasser und zur Ebbe-Zeit trocken lieget.

Wechsel, am Rade, heißt, wo die zwey Felgen in der Mitte zu sammen stoßen.

Wehden, siehe **Wieden.**

Wehl, ist ein durch einen Einbruch entstandenes Loch.

Weiffe, siehe **Sägegatter.**

Welle, Wellbaum, Gründel, ist ein runder Cylinder, woran bey Mühlen das Wasser- und Kamm Rad hanget. Es giebt aber auch Wellen welche senkrecht stehen, als z. E. bey Getreid-Mühlen diejenige Welle woran der Trilling ist. Auch bedient man sich der lothrecht oder senkrecht stehenden Wellbäumen bey Schlagwercken (Ram-Maschinen) in welcher Löcher angebracht sind, durch welche die Ziehe-Stangen gehen, an welchen die Menschen stehen, und den Wellbaum herum drehen.

Wellen, siehe **Faschinen.**

Werckholz, ist ein Stück eichenes Holz, gegen dem Hals der Stiefel oder Kolbenröhren, in welches diese eingelassen sind; von der andern Seite aber mit eisernen Schinen gefaßet, und mit Schrauben an dieses Werckholz befestiget werden.

Werckstücke, Quaderstücke, sind die aus dem Steinbruche nach dem rechten Winkel zu gehauene Steine; wie wohl man auch diejenige Steine so zu denen Gewölbern gebraucht werden mit diesem Nahmen beleget.

Werffen, sich werffen sagt man von Holz und Bretterwerk, wann dasselbe beym Gebrauch seine Gestalt in etwas verliehret, zusammen dorret, krumm wird, aus denen Fugen gehet, oder gar Rize bekommet.

Wetterungen, siehe **Zug-Graben.**

Wieden, sind lange Gerten aus biegsamen Holze womit man die Faschinen und Würste bindet. Um die Schlingen an die Wieben zu machen, und sie besser drehen zu können, ist es gut wann man sie zuvor einige Tage an der Sonne oder freyen Luft aus einander streuet und welck werden läßet, oder auch bey einem gemäßigen Feuer durch wärmet und behet, damit sie beym binden nicht so leichte springen. Diejenige welche man im Vorrath aufhalten will kan man ins Wasser legen oder in die Erde graben damit sie nicht dürre werden.

Wirbel, Strudel, entstehet wann die Stauung des Wassers von einer Bewegung herrühret, hinter welcher sich das Strom-Brett gleich wiederum ausbreitet.

Wörder, siehe **Insel.**

Wolff, siehe **Schägel.**

Wölffe, siehe Schläge.
Wolfsbach, siehe Abzugsgraben.
Wrack-Dyck, siehe Rief-Dyck.
Wrack-Gatten, siehe Rief-Gatten.
Wrugen, heißt man in der Deicher-Sprache soviel, als eine Deich tatlen und mit Straffe belegen.
Wuhrbaum, siehe Fachbaum.
Wüppe, Störte, Stürz-Karren, Schanz-Karren, ist ein Karren mit zwey Rädern, deßen Kasten in den Axen der Räder beweglich ist, wird mit einem Ueberfall und einer Krampe, auf der Deichsel oder Lande, vermittelst eines vorgesteckten Pflocks, oder bey der Lande mit einem Kettelein befestiget. Sobald man mit dem Karren an Ort und Stelle gekommen, so thut man den hintern Theil des Kastens auf, und ziehet den Pflock, oder machet das Kettelein loß, so läßt sich der Kasten hinten nieder, und die Erde, Kieß oder Sand fällt heraus.
Würbel, ist bey einem Waßer-Hahnen dasjenige Stück welches man umdrehen kann, und in welchem sich das Loch befindet, dardurch das Waßer seinen Lauf hat.
Würste, siehe Waßecken.
Wüste-Gerinne, siehe Frey-Gerinne.

Z.

Zangen, Zwingen, sind theils aus runden, theils aus vierkantigen hinten und vorne gegen denen

denen Köpfen durchlochte Hölzer, durch welche man ein Stück von einer Schwinge (Schebe) oder Schwöppe, oder auch einen eisernen Bolzen stecket, und bey Zwingen und dergleichen Bauen gebrauchet.

Zapffen, ist ein Stück Eisen oder Metal, welches unten abgerundet, und an denen Schleussen-Thür-Flügeln unten an den Zapfenständer feste gemacht wird. Es läuft derselbe in einer Pfanne, so in den Pfannen-Balcken eingelassen ist.

Zapffen, Tragzapffen, Tragwelle, ist eine eiserne Welle, an welcher sich die Hebe-Bäume einer Zugbrücke oder andern Maschinen drehen, oder sie sind an dem äußern Theil einer Radwelle angebracht, damit sich dieselbe bewegen kan.

Zapfen, ist am Ende eines Stück Holzes, ein verdünter Absatz, meistens den dritten Theil von der Holz-Stärcke, dick, welcher in ein Loch passet welches in einem andern Holz eingelochet worden, und das Zapfenloch genent wird, dardurch die zwey Hölzer mit einander verbunden werden, und wann durch das Holz worinnen das Zapfenloch ist und durch den Zapfen ein Loch gebohret ist, durch welches man einen hölzernen Nagel befestiget; so wird der Zapfen in diesem Fall ein verbohrter Zapfen geheißen.

Zapfen, verbohrter, siehe Zapfen.

Zapfen, verlohrner, ist von eichen Holz, und wird zwischen geleimte und gefugte Bretter eingelassen,

laſſen, damit dieſelbige beſto weniger wiederum aus einander gehen können.

Zapfenlager, ſiehe **Anwelle.**

Zapfenloch, ſiehe **Zapfen.**

Zapfen-Stender, Harrel, iſt der hintere abgerundete Stender oder Pfoſten an denen Schleußen-Thüren, woran unten und oben Zapfen gemacht, davon der untere in einer Pfanne gehet, der obere aber in einem Hals-Eißen hanget, durch deren Hülfe die Schleußen-Thüren auf und zu gehen.

Zarge, Lauff, Lauft, iſt bey denen Mahl-Mühlen ein vom Kiefer (Schäßler) verfertiges Gefäß ſo um die Mühlſteine geſetzet wird, damit wann der obere Mühlſtein oder Laufer darinnen herum läuft, die gemahlne Frucht nicht wegſpringen oder wegfliegen kan, ſondern im Lauf bleiben und aus ſelbigem in den Mehl-Kaſten fallen müße.

Zehr-Zoll, ſiehe **Mahlpfahl.**

Zimmermanns-Schrauben, ſind zwey große hölzerne Schrauben, deren Müttern in einem 4. bis 5. Fuß langem und ſtarckem Holze befindlich. Dieſe Schrauben werden zu Auffſchraubung der Häuſer, wann man ſie unter Schwellen ſoll, oder auch zu Ausziehung der Pfähle und dergleichen gebrauchet.

Zimmerstücke, werden alle in Kanten gehauene Hölzer genennet.

Zwenge, siehe Bremße.

Zwingen, siehe Zangen.

Zwingen-Bau, ist ein Packwerck, so aus geschlagenen Pfählen, sowohl gegen dem Wasser als gegen dem Land oder wohl in demselben bestehet, zwischen welche man Busch einpacket. Um aber die Pfähle von dem überkippen zu bewahren, und den Busch nider zu halten bedienet man sich der Zwingen oder Zangen, womit man die Pfähle faßet. Der ganze Bau wird mit Steinen, Kieß oder Bauschutt beschwehret.

Zwischen-Gräben, werden bey einer Abwässerung in denen Marschländern, diejenige Gräben genennet, welche die Abtheilung zwischen denen Hämmen machen. Sie werden nach Beschaffenheit des Bodens und deßen Höhe 6. bis 8. Fuß breit und 4. bis 5. Fuß tief ausgebracht.

Zugbäume, siehe Zugbrücke.

Zuggraben, Wetterungen, Fleeth, sind in denen Marschländern diejenige Gräben oder gemeinschaftliche Wasserleitungen, worein die Zwischen-Gräben ihren Ausfluß nehmen, der Zug-Graben ergießet das Wasser in das Sieltief. Sie werden 10. bis 12. Fuß breit und 5. bis 8. Fuß tief gemachet.

Zugbrücke, bestehet aus zweyen senkrecht aufgerichteten Säulen oder Stender, welche oben mit einem Kron- oder Haupt-Holz bedecket sind, auf beyden Seiten aber und hinten mit Streben ver-

verwahret werden. Ueber dem Cronholz liegen die Zugbäume, so hinterwärts stärcker am Holz als vorne und mit einem Andreas-Creuz und Riegel verbunden sind, damit sie mehrere Schwere gegen die Seite haben, wo sie aufgezogen werden, von denen zwey vordern Enden gehen Ketten herunter, welche an der Brücke befestiget sind; an denen hintern Enden aber sind kurze Ketten angemachet, woran man die Zugbrücke in die Höhe ziehet.

Zuhauen, heißt einen Baum dergestalt zu rechte hauen, schneiden und paßen, daß die Verbindung auf der Baustette aufgerichtet werden kan.

Zunge, siehe **Einbau**.

Zutreiben, heißt man bey der Deich-Arbeit, wann ein Deich Reparation vorgenommen worden, und dieselbe etwa 8. oder 14. Tage gelegen, und das Wetter trocken ist, die Zuschlagung. Dieses zuschlagen oder zu treiben geschiehet mit einem Armsdicken, und zur Bequemlichkeit des Handgriffes gebogenem Pfahl, da die Deichs-Flage, Schlag an Schlag zu getrieben wird.

www.ingramcontent.com/pod-product-compliance
Lightning Source LLC
Chambersburg PA
CBHW020138170426
43199CB00010B/798